营养逻辑学
——教槽料营养逻辑解析与实践

刘俊奇　周鑫磊　徐耀华　著

 合肥工业大学出版社

图书在版编目(CIP)数据

营养逻辑学:教槽料营养逻辑解析与实践/刘俊奇,周鑫磊,徐耀华著.
—合肥:合肥工业大学出版社,2023.4
ISBN 978 - 7 - 5650 - 6299 - 5

I.①营… II.①刘… ②周… ③徐… III.①饲料—营养学—研究 IV.①S816

中国国家版本馆 CIP 数据核字(2023)第 051130 号

营养逻辑学——教槽料营养逻辑解析与实践
YINGYANG LUOJIXUE—— JIAOCAOLIAO YINGYANG LUOJI JIEXI YU SHIJIAN

刘俊奇 周鑫磊 徐耀华 著   责任编辑 刘 露

出 版	合肥工业大学出版社	版 次	2023 年 4 月第 1 版
地 址	合肥市屯溪路 193 号	印 次	2023 年 4 月第 1 次印刷
邮 编	230009	开 本	710 毫米×1010 毫米 1/16
电 话	理工图书出版中心:0551 - 62903004	印 张	11
	营销与储运管理中心:0551 - 62903198	字 数	180 千字
网 址	www.hfutpress.com.cn	印 刷	河南省环发印务有限公司
E-mail	hfutpress@163.com	发 行	全国新华书店

ISBN 978 - 7 - 5650 - 6299 - 5   定价:98.00 元

如果有影响阅读的印装质量问题,请与出版社营销与储运管理中心联系调换。

序 一

几十年来，我一直在研究猪的营养，致力于将先进的营养理论与中国养猪实践相结合，力求实现更多的创新突破。在看到本书的书稿时，我眼前一亮。本书不仅在理论上高屋建瓴，而且在实践上有效落地，让我们能从新的视角理解动物营养和指导解决问题。

我与本书的作者刘俊奇博士已相识多年，从他身上看到了许多优秀的品质，可以归纳为"善、思、忍、韧"。著书立说并不容易，需要心怀善意，才能团结一群人做广泛而深入的研究，才能建立起系统的研发应用体系；需要勤于思考，才能获得更多的智慧和灵感，才能有突破性创新；需要忍得住孤独，才能坚持始终如一，才能在自己的领域内做到专精；需要有韧劲，才能从容面对挫折和失败，才能获得超凡的成绩。刘博士以谦卑、尊重的态度对待猪、猪料和谷物，十年如一日地潜心研究，围绕动物健康改善、营养价值挖掘、产品绩效升级，克服重重困难，辅导不少饲料生产企业打造了许多教槽料标杆产品。2021年，刘博士团队曾与我有过一次深入的交流，他们向我介绍了新逻辑营养持续创新教槽营养应用的心路历程、粉粒结合型教槽料的技术逻辑、教槽料技术项目合作流程及标准、教槽料品质保障服务升级等内容。从他们身上，我看到了年轻一辈饲料人为中国饲料发展不断努力奋斗的精神，也看到了中国饲料行业璀璨的未来。

对教槽营养逻辑的深入介绍是本书的最大特色。基于对乳仔猪营养逻辑的广泛掌握，能够轻松地外延至其他畜禽幼龄营养，因为其中很多观点、思路和方法都是通用的。不管是研究，还是应用，都需要讲逻辑，逻辑上成立，现实中才可能发生。本书另辟蹊径，独创营养逻辑学，不仅可以给予科研人员很多思路上的启发，还能给予企业很多实操上的指导，对饲料行业的科技发展大有裨益。营养的逻辑，是建立系统营养知识体系的框架，是找到盲点、走出误区的路径，是取得重要研究突破的关键；逻辑的营养，是营养匹配的基本要求，是技术应用的评判标准，是取得稳定成果的抓手。

　　本书中引用了我关于当今动物营养技术创新困局的观点，其中的困局亟须打破，唯有如此，才能让中国饲料营养科学引领世界。"路漫漫其修远兮，吾将上下而求索"，让我们一同肩负起这一伟大的历史使命，尽管困难重重，只要我们以更多的热情投入工作，技术的突破、企业的发展、行业的进步，终将成为现实！

中国工程院院士 李德发

2023 年 1 月 3 日

于国家饲料工程技术研究中心

序 二

　　我养过猪，喂过鸡，做过全价料、浓缩料和预混料，设计过维生素配方，研究过添加剂制剂工艺。30 多年的从业经历，让我对动物营养学在实践和理论融合层面有了更深刻的理解，我也更加热爱这个行业和自己所从事的工作。这么多年来，能一直坚持认真做事的初心不变，务实的技术作风不变，踏实服务的热情不变，为养猪谋利的出发点不变，做营养品质的决心不变，做确定结果的目标不变，帮助饲料企业升级的信心不变，精细做营养的价值不变，确实是件不容易的事。支撑我持续做下去的动力，就是能看到营养效率、动物健康水平和养殖效益的不断提升。

　　近十几年来，我带领着新逻辑营养团队，聚焦于猪营养技术的创新应用，逐步打造了以特殊功能营养集成应用为核心的教保产品战略咨询服务体系，辅导了许多饲料企业成功升级产品竞争力。在服务饲料企业做好产品的过程中，常常遇到双方思路和价值认知不一致的情况，虽说很少有对错之分，仅是选择问题，但是为了让客户走上对他来说最好的道路，我们不得不付出更多的精力和时间去帮助其梳理思路。另外，我们也发现做不好产品的企业，通常都不按"套路"做产品，或者根本就没有做产品的"套路"。如何更高效地帮助这些企业呢？有没有一套普适的更为底层的营养逻辑可以降低整个行业的沟通成本，让每个企业都能据此生发出适合自己的设计开发产品的流程和方法呢？仔细想一下，应该是有的。正是有了这个想法，我和团队在日常工作中就十分留意搜集这方面的资料和思路，经年累月，让我们对营养逻辑也有了更广泛、更深入、更透彻的认知。

　　厚积而薄发，时至今日，营养逻辑学成书的条件已经具备。本书不仅是对我和数位同事多年工作经验、思路和方法的总结，更是站在对行业内普遍发生的非逻辑化经营、生产和营养应用现象的深度剖析基础之上，向所有从业者发出的触及思维底层的一声呐喊，为逻辑重塑注入更加强大的动力。很多时候，逻辑没有对错，只有选择，本书也是想让大家有更广阔的思路，有更多可选择的路径，而不是盲目地一条道走到黑。其实，早几年前，我就想把此书赶紧写出来，但因

"出手即精品"的想法，最后只能再等等。有很多话想跟大家说，却又不能说，是最难受的。有一天，另一个自己说："为何要事事追求过分完美呢？先写一个初级版本，以后逐步升级不行吗？"逻辑一变，结果就会改变，于是乎，我下定决心，先把书写出来再说。本书第一版定位为知识普及，尽量用通俗的语言和浅显易懂的案例来说明所涉及的营养逻辑问题。未来，待大家对营养逻辑有了更多的了解，也等我们有了更深入的研究应用成果，再出版升级版。

著书立说，道阻且长。即使有人不认同，我依然要坚持把这件事做下去，而且还要尽最大的努力做好。现在，虽说我不怎么知名，影响很有限，但也赢得了不少业内同仁、企业和学者的承认和褒奖，在此由衷地感谢那些曾经帮助和支持我的朋友，也谨以此书献给你们！

刘俊奇

2022 年春写于郑州

序　三

　　每个行业都有自己的"潜规则"，这些规则就如同万有引力，尽管看不见、摸不着，却支配着万事万物的运行。要想在行业里做出成绩，就必须掌握这些藏在现象背后的规则。作为从业多年的一线技术人员，在琐碎的日常工作中要有所建树，我深知需要付出大量的时间和努力。在过去的数年中，刘俊奇先生给予我最多的就是关于乳仔猪营养和教槽料方面的知识、经验、认知和感悟，这让我能在最短的时间内对畜牧业的基本运行规则有了更深刻的理解。能够与他一同工作学习，站在巨人肩上，以更宽广的视野看世界，也是人生的一大幸事。

　　饲料和养殖业中，营养逻辑是众人难以全面了解的基本"暗"逻辑，即使是经验丰富的老专家也很难掌握透彻。揭开它的神秘面纱，对于每个从业者、饲料企业和养殖企业都很重要，因为它决定了能否做出有竞争力的产品、能否经营好企业、能否做好养殖。前人栽树后人乘凉，行业的知识需要不断地传承和积累，我也愿意像刘俊奇先生一样乐于分享，将自己摸爬滚打总结出来的从业经验和认知告诉大家，让后来者少走弯路，节省更多的时间研究更加深刻的内容。为此，在刘俊奇先生筹备编撰本书时，我主动请缨成为编写人员，负责部分章节的撰写工作。

　　本书的受众侧重于业内从业人员，包括配方师、饲料企业管理人员、品管人员、生产人员、营销人员等。由于本书受众以用为本且较为宽泛，因此在内容设置上强调来源于实践并能应用于实践，写作风格上力求深入浅出，也就是观点主题意义要深刻，表达方式要通俗易懂。为此，我们不能过于学术化，也不能纠结于学术，尽管本书是以新学科、新学术议题的形式出现，但是我们毕竟是以企业的身份和角度来撰写此书，能达到"发现问题，解决问题"的目的，找到学术与应用之间的平衡就行。我们不是理论派，书中不会有多少高深的理论，大家一看都能明白；我们不是文献派，文中不会有多少引经据典，甚至有些观点可能只是一家之言，大家全方位理解就行；我们是实践派，要让大家掌握营养实践的逻辑和方法，不会将重点放在证明某个观点是否正确。作为初级版本，本书还有许多不足之处，希望广大读者批评指正。在后续的版本中，我们会再接再厉，建立更多科学规范的量化模型，用更多精确的数据严谨论证营养逻辑，做到理论、数据与实践的完美统一。

善学者尽其理，善行者究其难。愿此书的读者都能做到既善学又善行，愿此书能为行业的科技进步和产品升级做出更多贡献！

周鑫磊

2022 年秋写于郑州

前　言

　　饲料企业的运营过程中充满了不确定性：市场的不确定、营养的不确定、品质的不确定、用户的不确定、效益的不确定、人员的不确定……这些无时无刻不在困扰着企业的生存与发展，归根结底，我们所做的所有努力和工作都是为了对抗不确定性。不确定性之所以难以克服，是因为影响事物发展变化的因素往往不止一个，总会有超乎认知能力所及的不可控因素存在。不确定就是不可控，虽然我们不可能完全辨析决定企业成败的所有要素，但为了获得长久生存与发展的机会，尽最大可能掌握更多的关键信息、理清企业运营中的可控因素和不可控因素、用一个个小确定对冲大的不确定，是每个企业必须慎重考虑的重大问题。

　　不确定性的最大魅力就是不确定，也正是因为不确定性的存在，才让不同的企业有了不同的发展路径和结果。从这个角度来看，我们更应该以积极的心态去拥抱不确定，以自己的一套逻辑来理解和处理不确定，无须模仿，做好唯一的自己即可，因为每个企业都处于不同的不确定空间之中。不确定在为企业运营设置障碍的同时，也为大家开启了无限的想象空间。每个企业都是在与不确定抗衡，能否将所遇见的和预见的不确定做确定，已然成为企业能否长久领先的关键。寻求确定性是人的本性，也是企业运营的根本目标，将结果做到确定虽然很难，但也并非无迹可寻。

　　搞清楚事物发展的影响要素只是达成对抗不确定的第一步，理清这些要素间的复杂互作关系，并据此构建解决问题的实践逻辑，才是后续最重要的工作。归纳起来，处于同一矛盾体中的要素和变量之间存在因果关系、主次关系、相关关系、从属关系等，这些单看起来不那么复杂的关系，共同组成了一个蚕茧般的复杂关系网，共同决定着事物的发展进程与结果。逻辑关系尽管复杂，但仔细分析后便可发现，无序中存在着有序，它们的主要关系结构具有"鱼骨状"分型特征。换句话说，就是一个问题的产生由若干个子问题导致，每个子问题又是由更细分的原子问题决定……这有点像"套娃游戏"，因此，如果想要真正解决问题，就必须深入根本，抽丝剥茧，探寻其中最末梢的决定要素和逻辑关系才行。看透复杂逻辑，破解不确定难题，清晰而正确的逻辑是解决问题的关键。然而，要素变量间的逻辑关系很多时候是由人的主观选择决定的，是非理性的。这就必然会出现针对同一事物或问题，不同的人会有不同的认知和解决方法。有时结果是"条条大道通罗马"，但更多的时候却是大相径庭。这也可以很好地解释为何初始状态和条件类似的企业，最终的发展成果却千差万别。也正是由于企业运营逻辑中主观选择偏差的存在，我们不可能保证企业发展会完全按照设想的剧本进行。因而，做决定要杜绝盲目，要客观分析，理性选择，且行且珍惜才是。

生命的复杂性、营养的复杂性、运营的复杂性、过程的复杂性，决定了我们的认知会长期处于盲人摸象的阶段。一个人很难全面精确掌握所有要素变量的状态和关系，只能看到全貌中的冰山一角。承认自己的认知盲区，甚至认知盲维，是智慧的。对于许多未知领域，还需要有人去认真探索，不断引领人们的认知升级。饲料企业的首要责任是把营养搞明白，最重要的运营目标是把营养做得更有价值。为此，在经营过程中，企业要构建符合自身禀赋和需求的营养逻辑图，有了这张营养逻辑图就可以"按图索骥"，来应对运营中的各种与营养相关的不确定难题。每家饲料企业都应有与众不同的营养逻辑图，抄袭复制很难起效。其原因就在于决定营养逻辑的子逻辑很多，如企业的价值逻辑、产品的价值逻辑、动物的生命逻辑和用户的需求逻辑等，这些逻辑的主观性和客观性相辅相成，共同组成了我们对营养逻辑的认知，并决定着如何去践行落地。

所谓企业的价值逻辑就是盈利的价值观，决定着企业以何种方式和底线来对待产品、客户和动物。产品的价值逻辑简单地讲就是产品以何种成本、利润和品质来生产，以何种价格来销售。其决定了产品是为养猪增值还是减值，进而决定了企业与客户合作关系的稳定程度。动物的生命逻辑就是天然的生长发育与营养需求规律，是不以人的意志为转移的客观逻辑，决定了要达成有效养殖所必须遵循的基本营养要求和原则，若有违反，营养效果必然无法保证。用户的需求逻辑就是养殖者对成本、绩效、安全等的理性或非理性要求，影响着企业的应对和引导策略，同时影响着企业的产品逻辑。营养逻辑正是基于对上述多维逻辑的统筹权衡，而获得的对营养目标、营养定位、原料选用、生产控制、价值创造、价值分配、饲喂规范等的认知和行动指导。对于上述逻辑，在本书的不同章节都有更为详细的诠释，这里不再赘述。

为了让读者更容易理解营养逻辑，本书以教槽料营养逻辑的构建和应用为核心，全面阐述了饲料企业在运营过程中经常遇到的，由逻辑不自洽、逻辑不顺畅和逻辑不正确所导致的各类不确定难题，深度展示了教槽营养逻辑的构建过程和要点以及必须遵循的主要原则，高度诠释了教槽营养的价值核心、体验关键和品质要点，为指导做出更有竞争力的教槽料提供了思路和方法。此书不仅是一本讲逻辑的书，还是一本讲如何做好饲料（教槽料）的实操书，更是一本引导树立更具竞争力的营养理念和价值观的书。相信在本书的加持下，您的技术思路会进一步拓展，营养应用会有更大的自由度，面对问题能直击关键彻底解决，产品价值会持续领先。

最后，本书虽然汇集了河南新逻辑营养生物技术有限公司的多位专家的知识和多年饲企服务的经验，但尺有所短，不足之处在所难免，在此诚请广大读者批评指正。

著　者

2022 年 12 月

目　　录

第 1 章　饲料营养待解难题

【导语】研究营养逻辑的根本目的是解决现实中的问题。通过对这些问题的深度分析，必能发现还未有效解决的逻辑错误、逻辑冲突和逻辑残缺。

1.1　养殖端待解难题

当前，不管是规模猪场，还是家庭农场，从经营理念到饲养管理，从营养认知到绩效标准，从健康安全到环保低排等诸多方面，依然面临着严峻的挑战。其中，动物健康对成功养殖来说一直以来都是头等重要的，也是受多重因素制约和影响的。实现健康安全地长肉，必须通过科学管理和营养升级协同解决不同状态（图 1-1）下的差异需求，即给予健康、亚健康、病弱小僵个体不同的关照，才能从根本上解决整体健康难题。作为饲料企业，匹配抗病营养、免疫营养，协助养殖端重点做好健康管理工作，自然也是分内之事。

图 1-1　动物的营养状态

从饲料干物质转化为动物体干物质的沉积率上来看，营养效率的提升还有非常大的空间。目前，禽料、水产料等的绩效评价非常清晰和严格，而猪料的绩效评价还处于向这个方向发展的过程之中，现在对很多猪场来说做到全程料肉比 2.5∶1 依然困难重重。猪和猪料还有很大的潜力可以挖掘，相信经过各方的积极努力，实现全程料肉比 2∶1 也不算是遥不可及的梦想。能否抓住仅有的猪料技术升级红利期，就看未来几年企业的努力程度了。对于养猪，增效才是降本和改善投入产出比的重要途径，在没有达成全面提升生产总成绩和实现更高的营养沉积利用率之前，用料肉比、钱肉比指标衡量养猪绩效和经济效益的意义并不大。

在保证产肉量稳定的前提下，尽量提高营养利用率，实现减碳减氮，达成环保低排，不仅是政府部门的工作，也是猪场和饲料企业的责任。"绿水青山就是金山银山"，这不是一句口号，是需要产业链的所有环节积极响应，并付诸实际行动的系统工作，是一项利在千秋的伟大事业，也是一项会给企业带来可观回报的长期工程。能否具备如此的长远眼光，坚持大力投入去升级创新，对企业经营决策又是一项重大考验。

1.2　消费端待解难题

随着我国生产力和国民消费水平的提升，人们对肉品的需求早已从吃饱转向吃好。肉品的量与质（图1-2）是我国畜业发展的长期主题。近年来，人们对高品质肉品的需求更是快速增加，持续倒逼着养殖和饲料端的供给侧改革。以猪肉为例，从肉质风味上看，由于我国饲养的品种多为瘦肉型外来猪种，本身就缺乏风味，这成为制约肉品升级的重要难题。品种缺陷短期内很难改变，我们还是应从营养干预上想办法，最为有效的途径是从特殊风味营养的应用上着手，比如可以采用增加肌间脂肪、改善肉色、提高肉的嫩度等来多维度调控肌肉、脂肪组织的生长发育及风味物质的生成沉积过程，进而有效改善肉质和风味。

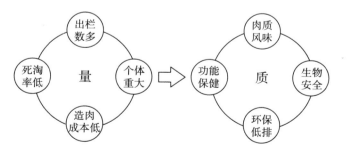

图1-2　肉品的量与质

肉品不仅要好吃，还要健康与安全。在多次食品安全事故的警醒之下，人们的食品安全意识已经大幅提升，除了对口感和风味的改善提出新的需求外，更重要的是对内在品质有了更高要求。消费者开始要求动物福利，要求动物能健康地生长，要求所有生产环节都要围绕安全肉品来做，不能有激素、不能有药物残留、不能有毒素。养殖端以及终端消费者都对健康性、安全性提出了更高的要求，作为饲料企业要认真落实食品理念，做好每一千克产品，否则，必定会被消费者抛弃。

另外，肉品市场的细分差异化也已日趋凸显，功能肉品、特色肉品受到越来越多高端消费的青睐和追捧，如富硒猪肉、富铁猪肉、低胆固醇猪肉、高钙猪肉等。这些高端特色肉品产量可能不太高，但附加值却很高，是值得研究和投入的新领域。饲料企业也应做好相关的营养技术储备，以应对随时提出的客户需求。

1.3　饲料端待解难题

1.3.1　饲料企业运营待解难题

1. 忽视价值创造能力的打造

脱离基本的营养逻辑做产品、一味地迎合销售和客户、不能独树一帜地引领市场是很多企业面临的重大难题。面对不确定的市场竞争，多数企业都会迷失其中。跳出竞争看竞争，会发现回归营养本质、多关注产品的价值创造能力才是企业生存发展的根本。从现在开始，要更多关注营养的功能价值。随着动物品种育种的变化、养殖环境的变化，人们对功能营养的需求更多、更全、更强；随着作物育种的变化，基础原料中由功能营养素的不足、缺失和降低所导致的动物健康问题日趋严重，进而饲料产品的功能价值表现也就是问题解决能力，受到了严峻挑战。营养的功能价值提升，要求功能营养素的种类和数量不仅能满足基本生长需求，还要能满足更高健康水平的需求。对此，我们的认知深度与广度还有许多欠缺的地方。我们要多关注营养安全，基于广义的生物安全理念和管控措施，不仅要做好疫病防控，还要将饲料中的有毒有害物质进一步降低，做到食品安全级别。另外，我们还要多关注营养效率，企业的价值就是不断地推动技术进步，动物的生长和饲料的吸收转化效率还有巨大的潜能可挖。谁先实现技术突破，谁就能先享受红利。在营养功能、营养安全和营养效率上实现更大的价值创造突破，才是企业能够长远发展的能力壁垒。

2. 营养逻辑不清晰

经营突破，逻辑先行；技术突破，逻辑先行；产品升级，逻辑先行。在营养逻辑上，很多企业经常出现逻辑不顺畅，甚至非逻辑化、碎片化的问题，造成常年经营不稳定，严重阻碍了企业的成长与发展。营养逻辑不清晰、不系统、不完善、片段化，头痛医头脚痛医脚，必然会导致营养应用过程充满不确定性，进而出现问题解决不深入、不彻底、不稳定的现象。营养逻辑导向不稳定，忽左忽右，一会成本导向，一会原料导向，一会指标导向，忽视功能导向和价值导向，导致企业定位和产品定位混乱，进而造成内部运营与市场运营不能形成合力，整体运营效率低下。产品逻辑不确定，定位不准、原料不稳、技术不严、品控不全、体验不实，常出现"短命产品"，造成企业资源严重浪费。技术逻辑不匹配，选择不明、标准不清、剂型不对、使用不足、组合不好，致使产品功能不明确，效果不突出。没有属于自己的、清晰的、有竞争力的营养逻辑，已经成为制约企业突破的重大难题。

3. 价值传递逻辑认知不到位

对企业价值传递逻辑认知不到位会导致企业价值创造能力弱、传递成本高、流速慢流量低，尤其在猪价低、原料贵、疫病多的情况下，这成为阻碍企业发展的重要难题。对企业价值传递逻辑认知不清晰，会导致企业不能正确地省钱、花钱、赚钱。如何花钱，在哪投资最有价值，才能对得起产品？如何赚钱，盈利模式如何变革，才能对得起用户？如何省钱，成本如何降低，才能对得起养殖？现在很多企业遵循的是挣钱的逻辑，不是价值创造的逻辑，做产品须先定企业要挣多少钱，然后是业务员要挣多少钱，接着是经销商要挣多少钱，完全没有考虑终端养殖能否挣到钱，甚至有些企业只顾追求高利润，对产品应有的价值视而不见，不顾终端结果是否满足养殖要求，无原则地降低成本、抬高价格。价值传递方向要清楚，利润分配要合理，不能一头独大，为了产业链和企业的共同发展，应先让养殖赚钱，然后让经销商和业务员赚钱，最后才是让企业赚钱。企业不能把经销商当成客户，经销商和企业是共同体，是企业的驻地服务员；业务员不能仅仅是销售员，还要成为经销商转型升级和健康养殖的导师。理不顺价值链、打不通利益链是众多企业自认为已经解决的隐患，实质上依然长期制约着企业发展，为此亟须在思想与行动上彻底变革。

4. 经营思维僵化

无论是养殖格局，还是饲料市场格局，无时无刻不在发生着变化。饲料行业早已从爆发式增长期进入稳定发展期，"大而全"的经营逻辑已经受到严峻的挑战。我们必须清楚，企业运营应顺应时代和市场的变化，然而，仍有许多企业固守传统的体量化运营思维，不能重点聚焦，无法做到极致专业化；不得不做低成本、低价格产品，不善于做价值创造型产品；适度规模逻辑不清晰，技术升级精力、品质保障精力、营销服务精力分散，致使单一品种上量困难，总体销量持续萎靡，进而不得不寻求多元化发展，最终反而落入脱离企业掌控能力的多元化陷阱。未来，行业需要的是大品牌、大单品、大爆品，企业必须有差异而清晰的定位，独特专业，系统极致；产品要绩效导向和问题导向，能基于动物的营养需求做阶段细分，能真实地降低造肉成本，让养殖增效增值，能做极致品质，为安全养殖做贡献。面对纷繁复杂的市场变化和各种诱惑，企业家的定力、眼界和格局，已然成为决定经营成败的关键因素。

5. 研发、生产与市场脱节

从整体运营顺畅性来看，企业或多或少地都存在研发、生产和市场脱节的问题。从市场中来到市场中去，是每个企业开发产品都需要遵守的基本市场原则。然而，许多企业在具体落实时，常出现很大偏差，搞不清楚是配方应为设备服务还是设备应为配方服务；是采购应为技术服务还是技术应为采购服务；是营销应为技术服务还是技术应为营销服务。如果上述问题得不到正确处理，必然会导致各部门目标不统一，原则不一致，各方难协调，企业的研发、生产和市场经常处于脱节状态。技术可以很先进，但方案整体难落地、结果难达成；质量工作调整响应弱，问题解决慢；对潜在风险预防不足，常常搞救火式研发，使得补丁式产品成为常规产品。业务员干着老板的活，研究要开发什么产品；老板干着业务员的活，研究要如何卖好产品；产品创新与市场变化不同步，平庸化、大众化成常态。如何打通研发、生产和市场等各环节，成为摆在企业面前的又一重大难题。

6. 主动创新少，跟随模仿多

现在饲料和动物的潜能开发还有很大的挖掘空间，但很少有人有意识地去主动进行实质性创新，表面跟随模仿的居多。饲料本身是科技含量很高的产品，如今在大众意识中却只是随意混混拌拌的低端产品。很多企业缺乏自主创新的能力，被迫选择模仿，结果是模仿了产品，却模仿不了结果，营养效率上不去，动物健康缺保障，养殖成本居高不下。没有实质性突破，只停留在概念营销，每天的主要工作就是绞尽脑汁创造各种概念；品质仅停留在口头上，宣传食品级原料和工艺；实际采购只以低价为标准，价值采购不到位；清洁生产和生物安全不到位；产品宣传功能强大，实际增值能力却很弱……重宣传，重概念，轻落地，知行不一，只能做语言上的巨人、行动上的矮子，将自己描绘得无比高大上，实际落地的时候却止步不前，经营业绩不得不持续做着"俯卧撑"。经常造概念，久而久之，就以为企业的本质是概念，在层出不穷的概念比拼中，没有几项真正做得到，钱可能会赚到，人却很空虚。如果想走出这样的务虚怪圈，真正做些更有意义的事情，首先要有壮士断腕的决心，因为想改变并不容易；然后就是要脚踏实地，能耐得住寂寞，多做点能改善品质、绩效、健康和安全的工作，这样才能迎来企业彻底的变革。

7. 产品定价不合理

产品定价是市场运营的重要环节之一。不同于人的消费品，动物饲料产品有一套独特的定价方式和定价基准。现在还有许多企业沿用过去的以成本和想获得的利润为基准的定价方式，由于人为设定的价格与产品的实际价值不匹配，因此终端使用性价比不高、产品销量提升时常受限。饲料作为生产资料，应以产品的价值创造能力和增值能力为标准来定价，只赚产品应值的钱，不赚猪价的钱。例如，教槽料的定价可按此方式制定：

（1）教槽阶段（仔猪由 7 千克增至 12 千克），每窝总增重 50 千克，基于仔猪最低保本价计算，教槽阶段总增重价值为 $50×15＝750$ 元（猪价涨了，不赚涨价的钱）；

（2）后续价值，每窝 50 元；

（3）健康效应，每窝 50 元；

（4）一窝使用 60 千克教槽料的价值：$750＋50＋50＝850$ 元；

（5）折算教槽料总价值是 14000 元/吨（一吨长肉的价值）；

（6）假如教槽料成本为 6000 元/吨，教槽阶段总溢价 $＝14000－6000＝8000$ 元/吨；

（7）按利润平分原则：猪场获得 50%，饲料企业获得 50%，因而，教槽料终端售价 $＝6000＋8000×50\%＝10000$ 元/吨是合理的价格。

（8）剩下的 4000 元如何分？同样遵循平分原则，饲料企业和经销商各分 2000 元。进一步细分下去，饲料企业的价值包括技术、生产和服务价值，技术价值＋生产价值＝1500 元，服务价值＝500 元，较为合理。

针对饲料产品，建议采用"三合模式"，即合适的成本、合适的利润、合适的价格。让厂家、业务员、经销商和猪场，尤其是猪场，获得适当的效益，整个链条才能稳定发展。如果将主要精力用于降低成本，而不愿意投入成本去提升品质和养殖绩效，最终必然会导致整个价值链崩溃。从行业发展史上看，从未有过哪一家企业是靠低成本、低价格长期生存和取胜的；相反，运营得好的企业都是重视投入成本去提高产品品质的。只有将价值链上所有环节的利润设定好、分配好，让各方都有合适的利润，产品才有销售好的可能。

8. 将企业做精做细的意识不足

整个饲料行业正在向精细化生产发展，不能紧跟这一趋势的企业必然会被市场淘汰出局。现在还存在一些后知后觉的企业，其运营思维不能与时俱进，依然坚守着 10 多年前的粗放式经营思路，将饲料当成"牲口吃的"来做，品质意识、精细化生产意识、创新意识都不强，甘愿做跟随模仿者。为什么技术出身或者尊重技术的人往往能把企业做大做强？现在行业内知名大型企业的创始人多是技术出身就能很好地印证这个观点。正是因为这些人做过技术，深知要做好技术需要对各种细节进行严格把控。饲料看似简单，实则复杂，只有真正能深刻认知其中的复杂性，并能通过技术创新持续改进，才能赢得市场的尊重。要将产品做精做细，技术是关键。然而，行业内依然存在一些对营养技术认知不足、不尊重技术的企业，它们随意变更产品方案，自行更改配方。短期看似没问题，用户没投诉；长期下来，销量的降低就可说明一切。由于企业对技术认知不足，所以技术落地时不全面、不深入、不精细，导致产品问题频出，进一步导致企业对技术越发不信任，从而进入了恶性循环。能否做精做细是意识问题，需要自我的认知变革，我们只能提醒，是否真正改变，还要自己下定决心。

9. 产品战略规划缺失或混乱

靠"灵感"做产品的方式已然不能适应专业化、精细化和极致化的市场需求。做产品需要有目标，有重点，有路径，有战略性眼光和规划。当前，还有不少企业做产品很随意，常出现产品结构不合理，尤其是能体现核心技术水平的教槽料比例过低等情况；不同阶段产品定位不恰当，相同阶段产品定位多档次，总觉得销量低，是因为产品不够多，不能满足不同客户的需求，最后高中低档产品都有，但销量仍然不大，导致客户也不知道公司的产品定位。

提起企业，客户想不到企业有什么产品，甚至连企业自身的工作人员都不知道企业的产品目录。很多企业有产品，无爆品，什么产品都有，总销量还可以，但是单个产品销量都不高，没有令人满意的利润产品、拳头产品、引流产品，多数产品平庸化定位，从内在品质到产品效果都不能支撑其成为爆品；所有产品不能自带流量，不能让客户主动传播，客户沟通成本高，成交率低，品牌化打造困难；产品名称和包装一年换一次，新包装装老产品，只要不做促销，销量就不稳定；业务员让出什么产品，就出什么产品，最后产品线无限延伸，销量都不大，没有口碑产品……最终导致有销量无产品、有产品无市场的情况。

在产品战略上，归纳起来有三大类，分别是总成本领先战略、差异化战略、价值领先战略。关于产品战略，读者可以自行寻找网络资源或书籍进一步研究，此处不再赘述，本书的重点是通过对教槽料营养逻辑的解析与实践达成不同的产品战略。

10. 营养逻辑不匹配，问题解决不彻底

营养逻辑匹配动物的生理需求是产品结果达成的基础。然而，很多企业的技术人员在具体落地应用时，甚至连最基本的清洁度、细粉度、熟化度等与猪的阶段适应能力匹配都做得不太好，更不用说搞清楚营养逻辑中最重要的因果逻辑和主次逻辑。营养逻辑搞不清、猪的生理需求定不准，导致营养潜能不发挥、营养结果不稳定、营养成本不经济，进而出现很多不确定的结果，让人措手不及。我们深深体会到，行业内很多营养配方师都深受折磨。例如，仔猪腹泻时在饲料里加氧化锌或单宁酸，导致毛色不好；又加有机铁，导致腹泻加重；再加蒙脱石，又导致毛色不好。因果主次逻辑不清晰，小问题不断，补丁式产品频现。

很多企业做产品，并没有基于猪的真实需求，而仅是浮于表面。猪场的表面需求是不拉稀、吃得多、长得快，真正的需求是解决问题，如替代母乳、解决教槽难题、断奶难题、转换难题等。企业间比拼的是解决问题的能力和速度，有些企业对产品存在的问题视而不见，产品卖不好就归因于销售能力不行；有些企业可以很快践行，但却通过弱化营养作用等方式，误导养猪多用药物或保健品来掩盖产品缺陷、解决本应由营养逻辑来解决的问题。

当前，多数企业在宏量营养的匹配上做得相对平衡，而在微量营养，尤其是特殊功能营养匹配上应用不到位。巧妇难为无米之炊，在设备标准化、原料同质化的大背景下，配方再怎么调整，产品都很难做出明显的差异和优势。产品只有在特殊功能营养领域上进行创新突破，才能获得足够的竞争力。然而，很多企业存在对特殊功能营养的认知不足和应用能力不强的问题，制约了很多创新技术的推广应用，也阻碍了饲料产品的迭代升级。由于特殊功能营养的缺失，营养上不能完全匹配需求，所以会出现产品功能效果不突出、不稳定的情况，这也是我们在营养逻辑上要深度覆盖的领域。

11．产品开发流程与体验缺失

现在做产品不是简单出个配方就能让产品大卖。企业应严格遵循从市场中来到市场中去的原则，多了解用户需求和他们想解决的难题，按照"先定义再成为"的流程来做产品才有竞争力。然而，一些企业还在靠突发奇想、模仿复制、闭门造车、买配方抄配方、咨询与市场脱节的"专家"等方式来做产品，最终导致产品定位不准、效果不清、价值不明，"夭折者"众多。

把产品做出来只是万里长征的第一步，随着市场竞争加剧以及养殖终端对饲料产品评价标准的提升，企业赢得客户的难度越来越大。效果不跟踪，价值一场空。当前，不少企业面临的重要问题是产品价值体验不实，产品的实际价值不能很好地呈现给养殖者，以致客户对产品没有正确的评价而经常更换饲料。产品绩效不量化，缺少实证素材支持，无法做体验营销、价值营销，间接导致业务员只能依赖客情营销，让本来应该好用好卖的教槽料沦为平庸的产品。对于养殖效果的体验，一般通过可感知和可量化的指标来评价。例如，饲料的适口性，可从猪只的采食量来观察和量化；饲料的消化性，可从猪只的排粪量和粪中干物质含量来观察或测定；饲料的转化率，可从断奶总窝重、日增重、料肉比等指标来测量。总之，价值体验是产品可以长久存在的、必不可少的重要因素之一，是需要做闭环并持续做循环的关键一环。

12．对潜在风险规避不到位

产品出问题的原因很多，很多时候是因为产品在架构设计阶段就存在问题或者对潜在风险规避不到位。产品架构看似简单，实则蕴藏着对原料特性、原料间匹配性、采购便利性、生产条件要求、质量控制水平要求、阶段生长发育需求、市场定位、定价策略、预期效果等的全面深度思考和系统权衡。一个好的架构方案，做不出好产品，用不出好效果，就是因为我们不知道背后的逻辑，从而在产品落地的各个方面经常出现偏差。

除了架构方面，具体的生产过程同样存在类似的问题，即预防问题发生的系统管控能力不足。所有人的精力都用在处理不确定的问题上，这正反映了企业的系统管控能力不足。生产管理中最令人头疼的事情就是各种意想不到的质量事故不停发生，许多企业都或多或少存在这样的现象。从生产端来看，领错料、配错料、投错料、包装和标签不符、包装和产品不符、储存原料变质等问题，长期困扰着生产总监；从产品端来看，客户不时投诉采食量不行、毛色不行、拉稀等问题，长期困扰着技术总监；从管理端来看，生产人员缺乏品质意识、责任心不强、发现质量隐患的主动性差等问题，长期困扰着质量总监。现在已经不是拿铁锹拌料就可以生产饲料的时代了，现代化的饲料企业需要有预防问题发生的系统管控能力。

13. 品质管控落地认真程度不足

在品质上出问题，多是由人的品质逻辑偏差造成的。没有高度的质量意识，就没有落地的认真程度。许多企业的质量管理规章制度非常完善，但在实际生产中却是落地少、落地难。这里主要有两大原因：①缺少质量管理制度的落地督导机制，致使全员懈怠，最终习以为常，无人问津，产品质量无法保障；②质量制度在制定时没有坚持"三现"原则，即现实、现场、现物，闭门造车、照搬照抄者居多，致使质量制度与企业的生产实际不符，致使制度缺乏落地的可行性。

质量检验方面，许多企业的质控指标不完善，不能全面反映真实品质，有些企业虽然指标制定得好，但检验、化验工作却开展不力。质量好不好，除了常规营养指标（粗蛋白、钙、磷等）外，还有许多需要特别控制的非常规指标，如毒素、酸价、过氧化值等。除了国家标准和企业标准要求的必检项目，关键质量指标的数量和种类要根据企业自身的检测能力、品控水平和常见的质量问题来制定。既不能避重就轻，也不能拔苗助长，只有这样才能将每一项指标监控落实到位。

除了产品质量，生物安全也很重要。经过一次次疫病的洗礼，猪场对生物安全的认知愈发深刻，防控措施也逐步升级，对各种可能存在的生物安全问题隐患无不关注。作为可能导致猪场生物安全问题的饲料，也是猪场重点监控的环节。然而，很多饲料企业的生物安全防护措施形同虚设，甚至有部分企业竟然冒险使用血浆、肠膜蛋白等同源动物原料，这样给猪场的生物安全防控带来了极大的风险，这是一种极度没有职业道德的行为。要做好饲料的生物安全防护，除了加强出入厂消毒外，饲料生产的各个环节的安全管控和营养架构中的免疫抗病都要做好。这样才能确保产品由内而外的生物安全。

原料和产品的关键质量指标控制、全过程的生物安全防护以及各项质量管理制度能否落实到位，与企业全体人员对品质的认知高度和落实的认真程度是息息相关的。尤其是企业的领导层，对待质量问题必须以身作则，不能嘴里喊着口号，却做着违背质量原则的决定。如果品质原则不坚定，经常忘记价值采购，必然导致最终产品质量稳定性不足和品质不高。"人人是品管"不能仅是口号，而应是从上到下、长期贯彻执行的一项艰巨任务。

1.3.2　猪场自配料待解难题

1. 猪场的用料现状

营养品质是决定猪群健康和养殖效益的重要因素。猪场的饲料成本占总生产成本的 70% 左右，一般采用外购商品料和自配料两种方式来满足需求。多数情况下，这两种途径都不能很好地达成饲料成本控制与养殖成绩双优的目标。不想用商品料，自配料又做不好，让猪场在实现营养价值最大化的道路上进退两难。

使用商品料，虽说能使养殖成绩有较大程度的保障，但饲料企业的定价不匹配价值和流通环节层层加价，致使猪场的用料成本实质上偏高。商品料盈利第一，养殖成绩第二。饲料企业在设计生产饲料产品之初，首先考虑的是产品要有利润空间，并且要尽可能得大；其次才是满足猪的生长发育和绩效需求。因而，同样的成本，使用商品料并不能让猪场获得更好的养殖成绩和更高的经济效益，即使规模定制猪场产品，也不能保证饲料企业会完全按照要求去做。

至于自配料，虽然饲料成本可以大幅降低，但猪场在配方设计、原料品控、生产工艺等方面常常做得不到位，致使饲料转化率和养殖成绩偏低，整体经济效益依然无法提高。做饲料是一项系统工程，并不是购买原料来粉碎、混合一下那么简单，要做出高品质的饲料需要配方设计、原料品控和生产工艺间的完美匹配。正是因为猪场在这些方面经验和知识缺乏，所以自配料的养殖成绩往往不尽如人意。规模猪场要想做好自配料，还需要在营养技术和饲料生产技术水平提升上下功夫。

2. 猪场自配料的设计、生产及使用建议

猪场选择自配料的初衷是通过降低成本来增加收益，但往往事与愿违，成本降低，收益也跟着降低。这既有配方不平衡的原因，也有原料品质不稳定的原因，还有生产不精细的原因。能够自建生产线，像饲料企业一样生产饲料的猪场还不多，即使这样做，如果没有专业的饲料生产团队，猪场自产饲料的品质也不会好。单从成本上来说，自配料也就是仅仅减少了部分运费，并不能给猪场养殖效益的提升带来多大益处，反而增加了管理负担。猪场自配料一般是外购预混料后生产全价料，然而，多数饲料企业出于自身多盈利考虑，热衷于生产普通基础营养型预混料，这类预混料仅能满足猪只一般的生长和正常状态下的需求，而对进一步充分发挥猪的生长潜能，尤其是优良品种猪的生长潜能没有太多贡献。花

高价引进的好品种，却由于饲料营养不足没有获得好的生产性能，这种对生长潜力的浪费构成了规模猪场的巨大隐性成本。

规模猪场在自配料配方设计上，要以猪只健康生长为中心，首先要考虑的应是通过满足猪生长发育的营养需求来提高生产成绩，其次才是降成本。在生产成绩达标的前提下，比成本才有意义。在猪的生长潜能和饲料营养潜能还有很大空间可挖的情况下，通过改善营养增效降本才是最有效的途径。不同于高猪价时用贵料、低猪价时用便宜料的常规操作，据测算，在非极端猪价条件下，不管猪价高低，使用高档次营养，高猪价时可以多赚钱，低猪价时可以少赔钱。其根本原因是能够获得远低于行业平均水平的造肉成本。因而，针对规模猪场的自配料配方设计需要打破商品料的营养模式来重新架构，要对教槽断奶期、保育前期、保育后期、生长前期、生长后期的自配料进行重新划分（母猪也是如此），以营养平衡为基础，根据不同猪种对各阶段的基础营养和功能营养的差异需求进行重新优化，只有这样才能实现最佳的饲料转化率和养殖效益。以最重要的蛋白为例，随着品种和工艺的进步，不同阶段的蛋白水平都要重新优化平衡，可通过更多的氨基酸平衡和理想平衡蛋白日粮，在减少豆粕等蛋白原料投入的同时，改善长肉绩效。另外，猪场品控水平一般不高，在设计配方时，需要尽量简单化，选用的原料一定要有利于品控，以减少因原料品质不稳定导致饲料品质不稳定的问题出现。

在饲喂模式上，未来的养殖趋势是分群饲喂，这是进一步做好精准营养、减少营养浪费的有效工作。猪群中总会有强有弱，有健康猪、亚健康猪和疾病猪，及时分群饲喂，将配方设计与分群需求相结合，匹配适宜的营养源、营养水平和功能营养，对提高群体均匀度和改善整体营养效率十分有用。尤其是在教槽断奶阶段，分群饲喂极为重要。针对弱小仔猪，采用更能匹配其生理需求的教槽料，以固体、粥状或液体等方式饲喂，可以轻松实现多活一头和少死一头，对于提高健仔率和全程每年每头母猪出栏肥猪头数（Market Pigs/Sow/Year，MSY）、降低均摊成本很有助益。当前，大部分猪场还不能很好地落实分群饲喂，这也给营养精准匹配带来了困难，究竟是以强壮的猪为标准，还是以弱小的猪为标准呢？能否在同一款教槽料里同时满足强弱的差异需求呢？

要做好自配料，硬件设备投入也必不可少。单就设备工艺来讲，根据不同阶段猪的消化生理条件和营养需求特点，需要提供不同熟化度、细粉度的日粮。例如，在教槽断奶阶段，需要为仔猪提供高熟化度的日粮，因而需要配备调质设备；饲喂颗粒饲料可以提高采食量，减少浪费，因而需要配备制粒设备；等等。通过先进的饲料生产工艺来改善自配料品质，是实现养殖绩效提升的重要保障，否则还不如找专业的饲料企业去代工更省事。谈到代工料，不得不讲，现阶段市场上严格意义的定制代工料很少，究其原因是规模猪场的配方技术和质量把控能力较为薄弱，并不能搞清楚饲料厂提供的产品是否真正按照要求的配方、原料、工艺标准来做。猪场饲料技术的不足及其与饲料企业的信息不对称使得本该能对效益提升做出重大贡献的定制代工料落得有名无实的境地。不过，若能有一家第三方营养技术咨询服务机构帮助猪场做好饲料技术应用和代工厂家选择监督的话，相信未来定制代工料还是有很大的市场空间的。

1.3.3　营养技术创新待解难题

四川农业大学陈代文教授曾经讲过，从动物营养学发展趋势看饲料科技创新思路，传统动物营养和饲料技术的作用已经到了一个新的瓶颈，技术趋于相近，产品趋于同质，企业的竞争主要体现在非技术层面。传统营养学面临着很大的局限性，如重点关注投入产出和营养素，并且关注的层面较为片面、静态和理想化。在看到问题的同时，陈教授也对营养技术的发展做出了思考，如满足宿主和微生物需要；早期胎儿营养（母体营养）；抗病营养（免疫、疾病、应激、毒素、肠道健康）；微营养（氨基酸、微量元素、维生素、特殊功能营养）；系统营养（营养组学，营养、宿主与微生物的互作）……

中国工程院李德发院士面对当今动物营养技术的创新困局，为我们指明了很多方向，如全方位、动态营养结构与全局饲料系统平衡；构建更加精准的营养价值与营养需要数据库；肠道保健与营养状况评估体检技术；营养源开发与改造技术；营养调控与功能饲料；日粮功能化、环保化、形态多样化；饲料添加剂功能化；农副资源饲料化；饲料加工工艺与营养技术的融合；在猪料方面，以达成适宜生长速度、繁殖性能、胴体品质和饲料转化率为目标，建立单一饲料原料营养价值数据库和猪净能需要量动态模型，基于原料消化和发酵动力学的新型平衡配方技术，进行饲料精准配制。

可见，当下可挖掘的营养科技还有很多，只是我们不知道如何去做，或者根本就没有想着去做。未来不是可挖掘的科技不多了，而是容易挖掘的不多了，还想凭借点子创新就能明显提升的时代一去不复返了。总结起来，营养技术突破点有四大方面，即升级营养供应方式和形式、挖掘猪的消化吸收潜能、更精准的饲喂标准和模式、改善营养体内代谢分流状态，上述所有创新的核心目标在于围绕提高营养利用率，做工艺创新、功能升级和健康改善。也正是有这么多待解难题，才有了企业存在的价值。在猪料还有很大提升空间的现实下，如果企业还不去抓住最后的技术升级红利，未来发展将会更加困难。

本章总结

本章重点从营养角度讲述了消费端、养殖端、饲料端面临的运营、品质、效率、健康、安全、环保等重要问题，这些问题或多或少地在困扰着企业的生存与发展（图1-3）。初心如磬，使命在肩，问题就是机会，让我们一同行动起来，透过问题看本质，循着本质找逻辑，将所有问题逐一化解。

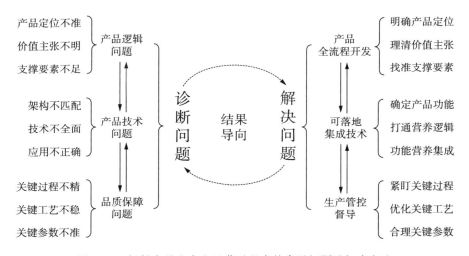

图1-3 饲料产品生产和运营过程中的常见问题及解决方法

第2章　营养逻辑学的基本概念

【导语】逻辑上成立，现实中发生。出现不符合预期的结果，很多时候是因为没有打通事物背后的真正逻辑并遵照执行。

2.1　营养逻辑学释义

营养逻辑学的研究内容广泛，涉及营养学、逻辑学、饲料学、养殖学、市场学、经济学、营销学、管理学等，因此需要从更多的角度对其内涵和外延一窥全貌。营养逻辑学是研究营养逻辑的学问，是实现营养科学合理应用的思路和原则。由于营养逻辑受到多方因素（如原料采购便利性、原料价格、产品价格、客户需求等）的影响，因此营养逻辑是在众多约束条件下，通过决策人的主观思考后，优选的最符合其价值观的营养问题处理思路和方法。

从营养学的角度看，营养逻辑学是基于营养素、营养源、动物生长发育需求以及经济效益要求之间的复杂作用关系，建立能够达成某种养殖目标的营养应用原则，并基于此原则更有效地应用营养素与营养源的学问；从逻辑学的角度看，营养逻辑学是研究营养之间的因果关系、主次关系、相关关系、协同关系、拮抗关系等复杂作用关系，并基于此关系更有效地应用营养素与营养源的学问；从经济学的角度看，营养逻辑学是一门建立在动物营养需求规律、市场规律、价值规律和人性规律基础之上的研究饲料产品设计、生产和使用的学问；从养殖学的角度看，营养逻辑学是基于营养源与营养素的互作关系、营养与动物的互作关系、营养与环境的互作关系、营养与微生物的互作关系，研究如何让动物吃得更健康、更舒服、更安全的学问。

营养逻辑学是对已有营养技术知识和要素变量，包括全能营养、全程营养、全方位营养、均衡营养、系统营养、健康营养、抗病营养、功能营养、环保营养、经济营养等营养应用理念和方法的逻辑整理和归纳；是对营养从宏观到微观、从微观到宏观、从理论到实践、从实践到理论的逻辑总结和细化；是以实现确定结果为目标，对营养应用进行全维度逻辑梳理后建立的营养应用原则、思维方式和工作方法。营养逻辑是对营养应用相关要素的全方位统筹，如图 2 - 1 所示。

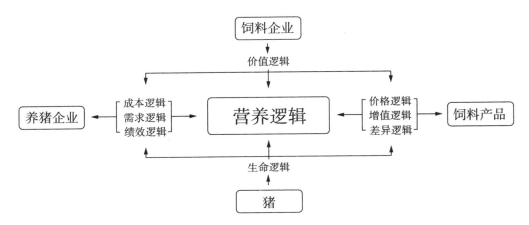

图 2 - 1　营养逻辑是对营养应用相关要素的全方位统筹

2.2　营养逻辑学的研究及应用领域

营养逻辑学的研究及应用领域包括但不限于以下几个方面。

2.2.1　饲料产品设计

研究营养逻辑的根本目的是能做出适销对路的产品。针对多数饲料企业面临的产品战略和产品设计流程缺失的重要问题，营养逻辑学要研究产品从概念到实现的全过程，重点包括需求分析、产品定位、价值主张、配方架构、原料标准、工艺标准、广告创意、体验要点、体验标准等，打通产品全流程开发的整体逻辑，让所有资源在同一逻辑下运行，迸发出巨大的系统力量。

2.2.2　营养配方架构

不同的营养逻辑需要匹配不同的架构，架构配方不仅仅是计算配方，还是对营养逻辑统筹考虑后的最终外化结果。针对不同的需求和产品逻辑，构建不同的营养架构模型（如玉米豆粕型、面粉型、次粉型、杂粮型、理想平衡蛋白型、大采食型、高绩效型等），才能符合设计目标，并顺利实施。

2.2.3　饲料原料评估

营养逻辑是上层建筑，具体落地还需坚实的基础，饲料原料的质量合格是确保营养逻辑达成的重要一环。针对经常出现的由原料质量变异导致的产品不稳定难题，营养逻辑学从营养素含量检测、有毒有害物检测、质量稳定性评估、采购便利性评估、生产便利性评估等方面对常用关键原料的价值采购提出建议和指导。

2.2.4　饲料生产工艺

营养目标的达成是一项系统工程，除了需要逻辑梳理和产品设计等软件支持，还需要工艺设备等硬件支持。营养逻辑学为不同的营养目标研究匹配适宜的生产工艺，如一次制粒工艺、二次制粒工艺、烘焙工艺、膨化工艺、微粉工艺等。

2.2.5　饲料生产品控

质量管控是许多企业的弱项，也是阻碍营养逻辑落地的重要一环。在质量管控中，人是落实质量规范和标准、决定产品质量的关键因素。为此，质量管控需要结合企业的人员素质条件，重点研究品质意识提升措施、生产过程质量关键点、质量管理制度和实施措施等。

2.2.6　饲料产品体验

营养逻辑物化为产品后，最需要的是能全面对外呈现其魅力。如何将产品活灵活现地展现，让受众能准确感知到产品的价值理念、结果优势、可信可靠，是摆在营销人员面前的重要课题。为此，营养逻辑学要研究如何通过体验过程来表达产品的价值，并根据不同的产品，总结归纳适合的体验流程和标准。

2.2.7　动物饲养管理

良好的饲养管理条件是好产品有好效果的基础。营养逻辑学根据产品饲喂体验的目标要求，研究建立科学的饲喂流程和标准，确保产品结果稳定表达。

2.2.8　动物生理学

遵循动物生理和生长发育规律是达成营养逻辑的根本前提。在动物生理学的研究上，营养逻辑学以应用为目标，更侧重于研究营养对肠道转换生理、免疫激活和耐受生理、肌肉和脂肪发育生理、采食生理、消化生理等的调控。

2.2.9　动物行为学

产品体验过程和使用效果会受到动物行为习性的影响。这些行为包括恐新行为、采食行为、异食行为、后效行为、争斗行为等，都是营养逻辑学需要仔细研究并加以利用的动物本能行为。

2.2.10　动物营养学

动物营养和人的营养都已纳入营养逻辑学的研究范畴。只有更全面地探索动物所需营养素的来源、属性以及最佳起效条件，更深入地掌握营养的代谢转化过程及营养素间的相互作用关系，才能有效发挥营养素和营养源的功能作用乃至营养药理作用。

2.2.11　营养制剂学

人工添加的营养素在溶解性、口感、气味、抗氧化等方面具有独特的理化性质，为了更好地发挥这些营养素的价值，需要匹配适宜的消化生理条件。营养逻辑学研究多种饲料添加剂，尤其是特殊功能营养的制剂化处理，以提高生物利用度和安全性。

2.2.12　营养源改造

营养源改造是饲料营养技术升级的关键环节。营养源改造是以提高营养效率为目标的营养源预处理过程，包括宏量营养源改造和微量营养源改造。宏量营养源改造，除了可以提高营养效率，还能产生功能营养、消解抗营养因子、减少致敏抗原、灭活病原等。微量营养源制剂化处理，可以控制释放部位和释放速度，更好地发挥饲料的功效；可以提高生物利用度，实现饲料功效最大化；可以提高安全性，减少副作用。营养逻辑学研究各类宏量和微量原料的改造工艺，如研究舒解工艺可以提高蛋白源的消化性和利用率，研究包被缓释工艺可以处理具有不良口感的添加剂。

2.2.13　饲料营销学

优秀的饲料营销需要融合营养、生产和市场，将体验营销、价值营销、服务营销、新网营销等贯通，从而提高产品传播竞争力，让客户深刻认识到产品的价值和内涵。将营销学的有用理论和方法应用于饲料销售是营养逻辑学研究的课题。

2.2.14　饲料企业运营管理

企业的运营思路和价值观对营养逻辑的建立和成熟起着决定性作用，因此以成果为导向的营养逻辑学需要研究运营管理中的问题和难点。正确的营养逻辑可以为企业解疑答惑，帮助其建立面向未来的运营逻辑。

2.2.15　产品全生命周期管理

每个产品都会经历由生到死的过程，如何让产品活得更长、更有锐度、更有气势，是营养逻辑学针对产品生命逻辑的思考，也是需要持续深度研究的又一领域。

2.2.16　逻辑学

深度研究思维逻辑中的具象逻辑、抽象逻辑、对称逻辑，并将其用于相关营养问题的思考、演绎和解决，让营养应用有逻辑，让逻辑指导营养应用。

2.3　营养逻辑学的发展历程

营养逻辑学是在解决饲料企业经营中遇到的众多问题的过程中，经过反复摸索而总结出的一套营养理论框架和系统实践方法，它来源于实践，并能应用于实践。从理论上讲，它涉及饲料企业运营的几乎所有方面；从实践上讲，它能指导企业做好产品、卖好产品和用好产品。营养逻辑学是于 2020 年 5 月 10 日新逻辑营养品牌发布会上，由刘俊奇率先提出的。会上，他详细介绍了营养逻辑学的由来、概念、意义、研究思路、研究内容、应用步骤和实践案例。随后，又由逻辑营养研究院的多位技术专家和服务专家从理论系统性、实操可行性上对营养逻辑学的整体架构和内容进行了全面策划和整理，并逐步成书。营养逻辑学并非一家之言，在探寻问题解决方法、逻辑理念形成、理论系统总结等过程中，我们得到了众多饲料企业及行业专家的支持和帮助，让我们有了更多实践和积累经验的机会，并对各类问题有了更多深入的思考。

从添加剂评估优选到特殊功能营养集成应用，从简单指导到系统落地保障，从保育技术合作到教槽技术合作，从添加剂生产到第三方技术咨询诊断机构，新逻辑营养始终以确定性结果为导向，聚精会神做技术，一心一意搞服务，历经15载的实践总结和积淀，从理论高度总结出营养逻辑学。营养逻辑学的发展历程大致可划分为三个阶段：第一阶段为归纳总结阶段，在服务上千家饲料企业的过程中，发现很多由逻辑原因导致的各种经营、营养、生产和品质问题，这时亟须一套营养逻辑理论来指导实践，为此，新逻辑营养的技术和服务专家，开始有意识地整理收集相关素材，为理论成熟奠定了坚实的基础；第二阶段为成熟阶段，随着实践经验和理论素材的逐步丰富，在纷繁复杂的信息中抽离出最能指导实践的理论体系就成为当务之急，为此，新逻辑营养组织专家团队对十多年来总结的技术逻辑、服务逻辑、品质逻辑、运营逻辑进行架构串联，最终形成以解读和应用营养逻辑为核心的营养逻辑学；第三阶段为升华发展阶段，营养逻辑学在诞生之初就受到了许多专家学者的关注和欣赏，后来有越来越多的人参与到营养逻辑学的学习、应用、查漏、补缺和进一步升级完善的工作中来，为这一实操理论添砖加瓦，让其可以在未来结出更多的理论和实践果实。

2.4　营养逻辑学的价值意义

随着饲料业和养殖业的升级发展，相关的知识积累也越来越多。在应用这些知识处理营养相关问题的过程中，常出现逻辑不清晰、不顺畅、不自洽，甚至逻辑混乱的现象，最终造成诸多问题不能得到有效解决。例如，应该基于谁的需求定位产品？选用什么样的原料？坚持什么样的标准？采用什么样的工艺？如何定价？如何体验？……许多人都缺少明确的思考逻辑，以致工作过程不系统、结果不确定。

为了让饲料产品从设计、生产到使用，再到后续运营的全过程清晰起来，以实现产品的最佳价值，饲料企业需要回归动物营养的基本逻辑和本质。用逻辑学的思维来解析营养问题，重新理解和梳理动物生长繁育与各种营养素、营养源以及经济效益之间复杂的互作关系，才能在动物营养需求规律和市场价值规律基础之上构建符合时代要求的饲料产品设计、生产、使用及运营逻辑。营养逻辑学正是以营养技术知识、营养要素和饲料企业运营为主要研究对象，采用逻辑化思维，重点研究多种营养要素间的因果关系、主次关系、相关关系、从属关系等复杂关系，并基于对各类复杂关系的梳理，帮助饲料企业和养殖企业构建落地的、可行的营养问题解决方案。

营养逻辑学建立了一套营养问题分析与解决的一体化思路、方法和工具，对破解营养目标不稳定、营养决策过程不清晰、营养结果不确定等问题，让营养应用更科学、更合理、更易落地、更易执行，降低试错成本有非常大的帮助。营养逻辑学是一套来源于实践的思维方式和实操型技术体系，能够有效指导饲料企业做好运营逻辑与价值观梳理、产品定位与设计、质量控制与提升、结果价值体验等环节，帮助饲料企业找准自身定位，加速饲料企业升级迭代。营养逻辑学是一门统筹应用科学，能为相关从业人员深刻认知饲料营养和进行有益的全逻辑思考提供思维路径，为行业整体进步提供全方位的智力支持。

2.5 营养逻辑导向

营养逻辑导向是指根据人的主观想法和目标决定营养逻辑方向。根据不同的预想，形成并应用不同的逻辑，一个逻辑达成一个结果，逻辑不同结果不同。单从做产品的角度看逻辑导向，大致可分为以下几类。

2.5.1 价格型逻辑导向

价格型逻辑导向是指以价格为中心来设计运营，常见的就是低成本、低价格、低利润。此类逻辑导向一般先限定分配模式和配方成本，再考虑养殖绩效最优化，是自我价值最大化的思维模式。成本低并不能带来高销量，因为成本投入低到一定程度，养殖端的效益就无法保障，这种做法适合阶段性价格战，并不利于企业的长期发展。针对价格型产品，需要引导、教育用户充分认识到，在绩效达标的情况下比价格才有意义，如果一味地迎合低价需求，以为所有设想都能实现，那么常常会事与愿违。

2.5.2 价值型逻辑导向

价值型逻辑导向是指以价值为中心来设计运营，常见的就是高质高价。此类逻辑导向一般先设定用户绩效和利润目标，再采用能达成自身利润最大化的配方成本和分配模式。针对价值型产品，需要倡导多投入、多产出、多盈利的养殖经营方式，虽然推广难度较大，但对养殖企业来说是有益无害的，这种做法适合长期性产品战略，对企业的产品价值呈现会有更高的要求。当前市场上的产品距离最佳投入产出的均衡点还有很长一段路要走，这也为想做价值型产品的企业提供了巨大的空间，如能长期贯彻总成本领先和价值领先战略，必定能做成爆品。

2.5.3 大众型逻辑导向

跟随模仿是多数企业采取的产品策略，这些企业里有大中型企业，也有小型企业。大中型企业做大众型产品可能是为了迎合更多的客户群和减少多品种的生产麻烦，而小型企业做大众型产品则多是想去挖大企业"墙角"，能做点销量就做点。大众化，就意味着平庸化，大中型企业有体量、有资本，不用担心，而小型企业呢？真的能凭借大量的大众产品占领市场吗？这个问题需要市场来检验。

2.5.4 特色型逻辑导向

如果大家深入研究了三大产品战略（总成本领先战略、差异化战略和价值领先战略），定能为企业找到最适合的产品战略。特色型逻辑导向走的就是差异化战略路线。对于饲料的差异化打造，核心在于解决养殖中的难题，如采食不稳、亚健康、弱仔等。产品特色就是基于应用场景，在某一方面有突出的压倒性优势，效果做到极致，极度难模仿，进而有效地屏蔽竞争，即可打造属于自己的新"蓝海"。

2.6 营养逻辑学的基本实践方法与步骤

营养逻辑学除了对思维层面的逻辑系统化、合理化有重要作用外，对具体落地实施层面也提供了完善的操作指导和规范。以达成确定的营养竞争力为目标，营养逻辑学系统地总结归纳了具有通用实践意义的产品开发与落地系统。

2.6.1　精准营养定位

从市场中来，到市场中去。不同的客户有不同的需求，有价格型、有绩效型，更有投入产出精打细算型。因此，做一款什么样的产品，也就是产品定位，决定了产品从哪里来，以及最终到哪里去。营养的水平、组成、来源、功能等定位需要根据产品定位来设定，做营养定位更多的是做产品定位。产品定位所涉及的定位维度有很多，除了目标客户的需求定位，还有价值定位、成本定位、品质定位、竞争定位、使命定位、渠道定位等，这些定位共同勾勒出产品的全貌。另外，产品定位还要符合企业的气质。每个企业都有自己的经营思路和价值逻辑，进而该企业会将符合某种营养定位的产品作为主推产品，以求在客户心目中形成稳定的企业价值认知。尽管产品定位是多样的，但对于特定的企业，他的选项一般也就几种而已。再者，产品定位不能脱离动物的实际需求而存在，品种的差异、群体与个体需求的差异和养殖环境差异都影响着饲料的效果，从营养水平、营养来源及营养功能上，如何满足这些差异性需求是在做定位时要考虑的问题。每款产品都应有自己的设计理念、价值主张、体验要点，基于此，反推营养定位也是一种很有意义的思路。针对营养定位，每款产品都要慎重而清晰，产品不仅要面面俱到，更要可圈可点，也就是共性做足、特性做透，这些都是在做营养定位时，需要同时考虑和确定的重要工作。总之，营养逻辑学倡导面向市场需求的产品定位设计和实施思路，即饲料产品一般需要按照以下顺序进行：满足一个痛点，突出一种理念，实现一个功能，提炼一种表述，设计一个配方，使用一种工艺。

2.6.2　科学逻辑架构

配方架构是决定能否做出好产品的关键影响因素。配方架构设计是艺术，更是科学，看似简单，实则复杂（图 2-2）。

之所以是艺术，是因为配方看似简单，背后却蕴藏着对原料特性、原料间匹配性、采购便利性、生产条件限制、质量控制水平约束、阶段生长发育需求、市场定位、定价策略、预期效果等的全面深度思考与灵活匹配。这项工作并不是严格按照系列表单要求就能够做到完美的。架构配方是通过系统的逻辑思维，结合实际原料、生产和市场需求等条件，有步骤地设计营养的过程，而非简单地筛选原料、计算营养指标和成本。如果在配方架构设计之初就没有全面权衡上述因素，那么，最终也很难生产出符合要求的产品。可见，配方架构的艺术性是最有可能成为众多营养配方师的技术天花板。

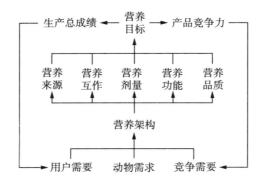

图 2-2　配方架构设计的基本流程

之所以更科学，是因为配方架构需要循证决策，不是随意的，而是有依据、有标准、有目标的。在原料选择、原料标准确定、营养指标确定、营养水平确定、加工工艺确定等过程中，所做的每一个决定都不是盲目的，而是以事实为依据，全面考虑价格、营养源属性、稳定性风险、生物安全风险、相互拮抗风险、生产过程风险、目标结果、科学原理等影响因素后做出的。进行逻辑化决策，才能最终优化数百种营养素和营养源，有效规避潜在问题，并确保营养结果确定。

配方架构遵循着一套完整的逻辑算法，基于对各种不确定性因素浮动范围的预估，力求在均衡的基础上，做到营养匹配相对精准。例如，宏量营养符合概率分布，需采用均值模式；功能营养存在幂律效应，可选的最高量与最低量之间相差数十倍，要根据产品功能定位匹配最适用量。总之，配方架构过程很复杂，是十分耗费心力的工作，但完成后的应用却会非常轻松简单。当你看到架构出来的配方很简洁时，可能并未看透背后的艺术逻辑和科学逻辑。

2.6.3　集成功能技术

营养功能技术，即功能营养技术，是采用具有明确的、具体的、易验证、易量化的生理活性营养素，来让饲料在提高动物健康水平、释放饲料潜能、改善饲料品质等功能特征方面具有突出特点的营养技术。由于饲料生产在营养维度涉及许多功能营养素，因此要想使这些营养用出极致效果需要系统的集成应用逻辑，也就是集成功能技术。

常用的集成功能技术有大采食、抗应激、抗氧化、屏障修复、后肠洁净、渗透压平衡、去免疫抑制等技术。这些技术的集成特征体现在，达成确定的效果并不是由单一营养素所实现的。为此，新逻辑营养针对饲料行业缺少有效的功能营养集成的急迫现状，以实现饲料产品确定效果表达为目标，采用适宜的制剂工艺对多种功能营养进行处理，使各组分间具有良好的协同性。同时，结合动物的健康生长发育需求，制定最佳的组合应用方案，让饲料企业用到、用好集成功能营养，并用出效果，让猪场效益最大化、风险最小化。

集成功能技术就是要充分发挥功能营养素间的相乘效应。事实上，在正确使用功能营养的道路上，我们也走了很多弯路。我们曾经过分依赖某种添加剂，只关注可测定的营养成分，但结果却总不尽如人意，最后经过深刻反思和总结发现，真正有价值的还是对营养逻辑的深刻理解和应用，以确定的功能结果为导向，构建制剂化协同营养系统才能真正解决问题。

2.6.4　精益品质控制

好逻辑需要好执行。在品质控制上最重要的就是落地执行，制度再完善、再严格，没有认真落实，也只是纸上谈兵，为此需要有效的激励和督导措施，以激发人的主观能动性和克服人的惰性。以教槽料为例，教槽料是最需要精细化生产的产品，也是最需要工人投入百分百的热情才能生产好的产品。然而，有些企业制定的教槽料生产奖励制度非常不合理，不是根据生产的复杂性和必需的精细化要求制定，甚至有些企业生产一吨教槽料和生产一吨大猪料的奖金是一样的，激励不到位必然导致工人生产积极性不高、工作毛糙，甚至罢工。督导机制也是非常有效的措施，大家常常讲的现场品管实际上肩负的就是督导职责，不过有时内部人员自我督导会面临着"开小差"或监督"放水"的窘境。为此，新逻辑营养在服务企业做好教槽料的同时，还建立了第三方品质督导机制，即采用定期或不定期的线上线下质量督导和评审活动时刻提醒生产人员、品管人员、化验人员重视品质，持续改进、永不懈怠。

要做好品质，质量安全检验也必不可少，尤其在过程质量不确定的时候。安全检验涉及对原料、半成品和成品的检验，对原料的抗营养因子、有毒有害物质、主要营养指标、感官等都要进行详细检测评估。对于多种重要的功能营养，要重点关注剂型有效性，也就是评定相关产品能否在最佳的条件下发挥最佳的作用；对于成品的粉碎粒度、混合均匀度、主要营养指标、感官等也要详细评测。

总结起来，要做好品质保障，就要在每一个环节严格落实营养源改造过程控制（如"七化"技术，见 3.6.6 小节）、产品关键属性指标控制（如"八度"管控，见 4.2 小节）、过程质量关键点控制（如"九关"执行，见 4.5 小节）等。

2.6.5　产品实效体验

随着市场竞争的加剧以及终端养殖对饲料产品评价标准的日益严苛，饲料企业征服客户的难度越来越大。当营销回归本源，一切品牌、一切促销、一切关系都显得那么不堪一击。营销的本质就是与客户进行价值交换，当前很多企业面临的重要课题是产品的实际价值很难衡量，并且不能很好地呈现出来，以致客户对产品没有正确的认识而经常更换饲料。单纯的价值讲解是不够的，营养结果的确定，不仅是生产车间的事，还需要养殖端的参与。为此，需要营造一种氛围，设计一系列事件，与用户互动起来感受产品价值，这就是体验营销。通过将体验营销和价值营销融为一体，让客户在体验的过程中更加深刻地认识到产品的价值和内涵，并建立长期的、稳固的品牌印象。

每个产品都有自己独特的特点和体验点。例如，"粉包粒"教槽料具有粉无尘、不呛鼻，粒酥脆、不伤牙，除杂净、不磕牙，入口溶、不糊嘴，口感佳、不麻涩，适应快、不厌食等特点。生长育肥猪料的评价标准，可以看体型、看健康，看长势、做数据，算性能、评效益。母猪料的评价标准是初生总窝重和断奶总窝重，还有便秘少，粪便粗壮，哺乳期食欲旺盛，猪体健康、干净，多生一头、少死一头，仔猪黄白痢少等。

结合产品的价值要点，实效体验可通过溶水试验、诱食试验、对比试验等场景化应用展示方式，让客户清晰认知和理解产品方案的价值及特点。例如，一分钟看溶水，一小时看采食量，一天看粪便消化性，一周看健康状况等，一旦有相关的问题，立刻就能想起相应的产品。

2.6.6　科学饲喂管理

产品好不好，猪是最终的"裁判员"，因此围绕产品体验结果做好饲喂管理指导就成为产品销售的关键环节。当然，在有能力的情况下，饲料企业还是有责任辅助猪场做好全面饲养管理，以帮助其健康发展。饲料企业可做的饲喂指导工作很多。例如，教槽料的科学饲喂包括对饲喂方式、饲喂频率、次（顿）饲喂量、清洁料槽、清洁饮水、强弱分群、适宜光照、适宜温度等的合理控制，如果有一项做不好，产品体验效果就会大打折扣。比如，要体验采食量，如果饲喂频率不合适，每天只投喂一次，采食量肯定不理想，可进行科学分顿饲喂，每天5～6次，采食积极性才更高，总采食量才更好；要体验控制腹泻性能，如果料槽没有清理干净，里边有酸败发霉的教槽料，仔猪自然会肚子不舒服，腹泻比例偏高，同时采食量也不会很好；要体验健康度，如果体感温度低，仔猪就会少长肉、多长毛，从而外观皮毛粗乱、活力不强、健康度不佳。可见，要做好产品实效体验，仅是产品好还不够，采用科学的饲喂管理也十分必要。

本章总结

本章就营养逻辑学的重要概念、发展历程和实践方法等做了系统阐述（图2-3），全面展现了营养逻辑学的精细架构和实操落地精神，为进一步深入研究和发展营养逻辑学奠定了理论基础。行业进步，理论先行，让我们一同拿起营养逻辑学利器，理清复杂逻辑，破解不确定难题！

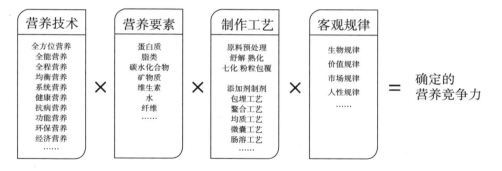

图 2-3 营养逻辑学系统分类

第3章　基本的营养逻辑

【导语】将全部的营养逻辑研究清楚本身就是一个宏大的课题，只有通过更多的细节才能一窥营养逻辑的全貌。本章将重点介绍实践中常常用到，并需要正确认知和应用的营养子逻辑，同时让读者对全面的营养逻辑有更深入的理解和思考。

3.1　营养的互相作用逻辑

不同营养素在消化、吸收、转化、沉积和分解的过程中，存在复杂的相互作用，掌握主要营养素之间的关键互作逻辑是实现营养价值最大化的核心。

3.1.1　循环修复

营养素进入机体后就一直处于新陈代谢过程之中，新陈代谢包括物质代谢与能量代谢。动物体内一切物质的代谢变化统称为物质代谢，它包括合成代谢与分解代谢。合成代谢是指体内一切物质的合成作用，它属于同化作用的范畴，如氨基酸合成蛋白质实现增重，核苷酸合成核酸改善抵抗力；分解代谢是指动物体内一切物质的分解作用，属于异化作用的范畴，如糖类物质经过三羧酸循环被分解为二氧化碳和水，脂肪酸经过 β -氧化分解为二氧化碳和水，为机体提供能量。动物体内旧物质的分解和新物质的合成是同时进行的，新物质替代旧物质是一个不间断的过程。例如，人的肝脏的更新周期为 5 个月，皮肤的更新周期为 28 天，味蕾的更新周期为 10 天，小肠绒毛的更新周期为 2～3 天，白血球的更新周期为 13～20 天，红血球的更新周期为 4 个月，肺的更新周期为 2～3 周，指甲的更新周期为 6～10 个月，头发的更新周期为 3～6 年，骨骼的更新周期为 10 年，心脏的更新周期为 20 年……新陈代谢是生命体的基本特征，只有新陈代谢更顺畅，生长发育才能更健康。因此，如何能让每种营养素更有效地参与到新陈代谢过程之中，进而最大化发挥营养价值，就变得极为重要。

营养素在体内的变化过程概括起来就是营养循环，是营养在动物体内的利用、转换、移动、固定、分解和再利用的过程。搞清楚营养循环就是研究营养素是如何参与新陈代谢的。不同的营养素，在体内的循环过程和方式不同，有些可以通过血液循环和淋巴循环系统，在器官和组织之间进行运输交换，如葡萄糖、脂肪酸、氨基酸等；有些参与肝肠循环来重复利用，如牛磺酸、甘氨酸、胆汁酸等；有些在细胞内参与尿素循环，作为氮元素传递载体来循环使用，如精氨酸、瓜氨酸、鸟氨酸等。营养素在循环中是有损耗的，可能会转换成其他物质，如氨基酸脱氨基转化为有机酸；可能是沉积到组织细胞之中，如氨基酸合成肌肉蛋白；也可能会通过尿液、汗液等途径排泄到体外，如钠、钾、镁等离子，正是因为循环中有损耗，即使是成年动物也需要持续的营养补充。如果需要多种营养素执行同一或相关性较大的生理活动，所涉及的所有营养素必须同步参与到循环过程中才能进行协同，比如合成蛋白质，不仅需要 20 种氨基酸，还需要各类参与供能物质的配合，如葡萄糖、乙酰辅酶 A、NADH、NADPH、ATP 等。从循环协同的角度看，饲料总营养要想起到最大效力，各类营养素的消化同步性、吸收平稳性、转运匹配性都要做到最优化才能实现。从微观上看，部分营养素在体内能得到重复循环使用；从宏观上看，所有营养素的循环都是单向的，有新的吸收，就会有旧的排出。营养循环是新陈代谢在营养维度的直观表现，营养只有动起来、循环起来，才能发挥生理作用。

营养素在不断的循环之中，除了可见的机体生长之外，还进行着重要的损伤修复，也就是营养的修复作用。营养修复指营养在动物体内循环过程中作为结构或能量原料参与机体的氧化损伤、机械损伤、基因损伤等的修复过程。机体修复所遵循的规律可简单总结为损伤→修复→原料→营养素。从营养医学理论角度来讲，损伤就是疾病，营养素可修复百病，营养素治病修复原理就是给机体原料，通过机体天然的修复能力使用这些原料把各处的损伤修补好。机体修复最理想的结果就是把损伤的部位恢复原样，比如一些肝细胞死掉了，那就按照原有的组织结构和细胞形态再长出一些新的肝细胞，把原来的损伤修复。在原料供给不足的情况下，机体不但不能把原有的损伤修复，而且损伤范围还会不断扩大。真正能让机体康复的不是药物，因为药物成分不是细胞修复所需要的结构成分。一旦给足时间，给足营养物质，如蛋白质、维生素、矿物质、脂肪等，机体就会启动自我修复的过程。利用机体的修复能力来治病是最高明的医术，并且治疗效果可以达到完美的程度，就好像根本没有发生过损伤一样。对于养殖来讲，最有效、最安全、最经济的预防和治愈损伤的方式是营养保健，而不是过分依赖各类兽药被动治疗。饲料企业的最大责任就是基于营养的循环修复，把营养素用好，尤其是用好能起到重要修复作用的营养素（如三胜肽-铜、谷胱甘肽、胶原蛋白等），让动物生长得更健康。

3.1.2 营养分流

营养素进入体内后，并不是随机向机体各处输送的，而是受到精密的分配调控，直接或依靠载体沿着血液循环和淋巴循环系统运输，被靶器官和靶组织捕获利用。营养分流是指机体根据不同营养素的供应量，不同部位、器官、组织的生长发育的营养需求以及所要执行的不同生理功能的消耗需求，对营养素的去向进行分配的过程。营养分流的结果不以人的意志为转移，不是配方设计高蛋白就一定能多长肉，而是与动物的生理状态、生长阶段、品种等特征息息相关的。

动物的健康水平对营养分流有重要影响，健康、亚健康和疾病状态下的营养代谢速率和沉积效率大不相同。对动物个体来说，永远都是生存优先，为了生存可以放弃生长，也可以放弃繁衍后代，尤其在患病时，几乎耗费所有营养，甚至还要动用机体储备去用于抗病和康复。这也是为何在生病的时候，动物生长停滞，甚至掉膘的重要原因。除了疾病，持续的亚健康，也就是长期的隐性炎症，也是造成营养虚耗的重要因素，炎症会导致机体发热，其外在表现是低烧。发热就需要消耗能量，进而减少用于生长的营养供应。另外，环境变化也会改变机体的营养代谢状态，比如冷应激和热应激，会加强或抑制能量代谢过程，进而干扰蛋白、矿物质等其他养分的代谢，造成整体的营养沉积效率降低。由此可见，要想营养的利用率更高，保障动物健康是重中之重，因此，必需的抗病营养、抗应激营养必须齐备，机体才有能力去应对可能经常出现的营养分流变化，进而才能减少动用营养储备，以及避免降低整体的营养沉积效率。

动物在生长发育不同阶段的营养分流状态也是不同的。有研究表明，青少年近视与营养分流失衡有很大关系。通过对5~18岁孩子的日常饮食状况及视力变化情况的长期跟踪调查发现，不少青少年会在某个时间突然患上近视。研究小组经过对比研究证实，青少年在生长发育速度加快时，身体其他器官的发育会造成体内营养素分流变化，导致视神经发育所需的营养素不足，最终使眼睫状肌弹性下降，视神经感光度降低，眼轴拉长，形成近视或增加近视治疗的难度。因此，要想保证青少年的眼睛健康发育，必须维持体内与眼睛发育和视力维持相关的营养素（如维生素 A、B、C、E 及叶黄素等）的含量稳定，才能确保青少年在快速发育期不因营养分流导致近视。动物的肌肉、骨骼、脂肪、内脏的发育，在不同的阶段也需要营养分流的支持，比如幼龄仔猪的生长重心在内脏，小猪的生长重心在骨骼，中猪的生长重心在肌肉，大猪的生长重心在脂肪。不同阶段的营养重心不同，营养供应模式只有与不同阶段的营养分流模式相匹配才能最有效地支持动物生长发育，同时也能确保营养利用效率最大化。

不同动物品种的营养分流特性也存在很大差异，如瘦肉型和脂肪型猪对肌肉和脂肪组织的营养分流偏重在生长育肥阶段会表现出明显不同。瘦肉型猪有更高的氮沉积能力，生产瘦肉的能力强，对蛋白质的需求量高，如果饲料中的蛋白水平偏低，就会制约其生产潜能的发挥。而脂肪型猪有更高的能量沉积能力，生产脂肪的能力强，对能量的需求量高，如果饲料中的能量水平偏低、蛋白过剩，机体就会把多余的蛋白转换成脂肪储存起来而无法获得更高的蛋白沉积率。可见，营养供应模式要与品种的营养分流模式相匹配，这样才能更好地挖掘生长和营养沉积潜力。

3.1.3 协同作用

在体内每种营养素并不是孤立的，在消化、吸收、转化、沉积的过程中，它们之间存在着复杂的相互影响，有些需要共同去执行相同的生理功能，有些需要去合成相同的产物，这就要求营养素之间必须协同地去工作。营养协同的最主要表现就是"一个都不能少"，必须团队合作才能发挥最佳效力。由于植物所需的营养素种类相对较少，对营养协同在植物上的作用机制和应用研究都较为充分。在农作物种植上的营养协同作用表现在：一般协同，当两种养分同时使用时，对增产效果表现为 $1+1>2$。Liebig 协同，当一种养分低于最低需求时，增加另一种养分不增产反而减产，表现为 $1+1<2$；当一种养分满足最低需求时，两种养分的增产效果表现为 $1+1>2$。营养协同也可以用"木桶原理"来类比，一只木桶能盛多少水，并不取决于最长的那块木板，而是取决于最短的那块木板。整体的营养价值，并不取决于营养的富余程度，而是取决于营养的短缺程度。

营养协同作用在动物身上表现得也很明显，在消化吸收环节需要协同，如铁与维生素 C、微量元素与氨基酸、钙与维生素 D 等；在转化环节需要协同，如谷氨酰胺与丁酸、蛋氨酸、胱氨酸与胆碱、精氨酸与苹果酸等；在沉积环节需要协同，如钙与磷、20 种氨基酸、核苷酸等。动物所需营养素之间多数存在生理功能协同，单独使用时会有一定效果，但共同使用时效果会更为显著。一个营养素的增量添加也会引起另一个营养素的限制，当两种营养素一起添加时，会减轻增量限制，又会产生更强的协同作用。除了营养素层面的协同，从更宏观的原料属性角度看，同样需要协同。例如，原料的凉热协同与平衡，在凉性原料比例过高时，仔猪容易出现消化不良和腹泻，需要适量补充热性原料，以恢复整体的凉热平衡。

协同作用在动物营养上的重要应用就是特殊功能营养集成应用。特殊功能营养种类繁多，相互间作用复杂。如何才能实现更好的协同作用，在本书的第3.3节有专门论述，在此不再赘述。另外，饲料营养的整体协同性也应考虑，也就是要求营养配方架构逻辑要匹配动物的营养分流现实和主要营养素的协同过程，这样才能发挥最佳的营养价值。

3.1.4 拮抗作用

营养素之间除了能相互增效，有些还会相互减效，也就是拮抗。根据拮抗性质和发生条件的不同，营养拮抗可分为体内拮抗和体外拮抗，吸收竞争性拮抗和代谢负反馈拮抗等类别。在体外，最直观的营养拮抗就是营养素间会发生各种意想不到的化学反应，最常见的就是预混料产气、产水、变色、结块等，分析后发现石粉、氧化锌与酸化剂能发生酸碱中和反应产生水、二氧化碳，微量元素催化维生素氧化，二价铁被氧化为三价铁……组成越复杂，化学反应发生的风险越大，越不可控。针对此种情况，最好的措施就是对会引起广泛化学反应的营养素进行包被等制剂处理。在体内，营养素间的相互拮抗同样广泛。其中，矿物元素间的相互拮抗作用最为明显，也研究得较为透彻，如锌、铁、钙等共用吸收通道，导致它们之间存在强烈的吸收竞争性而出现相互拮抗作用，植酸与微量元素螯合、鞣酸让蛋白凝聚、钙磷不平衡等也会妨碍养分吸收。营养素的代谢负反馈拮抗作用主要表现在对自身吸收率的调节上。例如，当机体缺铁时，肠黏膜上皮细胞上会产生更多的转铁蛋白，以提高铁的吸收能力；当铁的摄入量过高，造成体内铁过载时，机体就会减少转铁蛋白表达，以减少对铁的吸收，防止铁中毒。

协同与拮抗是营养素间两种重要的互作方式。我们可能会觉得协同就是好的，拮抗就是不好的，其实二者并没有严格的好坏之分，即使拮抗会降低营养的利用率，但对动物来说它可能也是一种天然的自我保护机制。不过，以营养效率最大化为目标，通常拮抗还是需要进行干预和抑制的，至少饲料中的化学反应要尽量避免，吸收过程中的竞争要通过平衡来调节。

3.1.5　积累效应

养殖企业追求短平快，恨不得一夜之间小猪就能长成出栏。这种心情可以理解，但基本的营养转化沉积规律却告诉我们，这是无法实现的。营养素进入机体发生作用需要时间，体内营养再平衡需要时间，转化长成肉需要时间，获得肉眼可观测到的明显效果更是需要时间，因此，动物对营养供应改变做出反应存在滞后现象也就不难理解。大家都在抱怨用饲料养猪长得慢，但究竟有多少的量化结果却鲜有人去研究，用数据说话才有说服力。营养沉积是一个从量变到质变的过程，需要有充足的剂量供应，不仅要满足维持需要，还要满足生长需要，最终才能实现满意的绩效。同时，动物生长发育存在生物节律，如昼夜节律，7～10 天的周节律，4～5 周的月节律（如人的体能、情绪）等。在周、月节律的不同阶段，生长积累速度并不是匀速进行的，而是快慢交替进行的，这正是饲养实验周期最好保持在 2 周以上，才能全面覆盖快周期和慢周期，准确反映饲料性能的根本原因。

3.1.6　营养药理

动物所需的七大营养素间的互相作用和营养与机体状态的互相作用共同决定了每种营养素的用法用量（图 3-1）。健康状态下的营养需求和非健康状态下的营养需求有差异，相同营养素对健康和非健康机体的功能作用也不相同。健康时，营养多用于生长；非健康时，营养多用于抗病。营养支持可以改变动物的疾病治疗效果，不仅可以纠正和预防营养不足，而且这些特殊的营养素本身就能参与到疾病阻断和疾病损伤修复的过程中。在肠外肠内营养学的研究中，就有专家提出了药理营养素的概念，即在应激状态下，具有调节免疫功能、调理炎症反应状态、维护肠黏膜屏障与影响内分泌功能等特殊作用的营养素，如谷氨酰胺、谷氨酰胺双肽和 ω-3 脂肪酸等。在动物方面的营养药理案例也有许多，如氧化锌预防腹泻、黄芪多糖抗病毒、谷胱甘肽增强免疫等。了解营养与机体状态的相互作用才能更好地发挥营养的药理作用，尤其在机体极为缺乏某种营养素而处于非健康状态的情况下，及时补充相关营养对健康改善非常有帮助，最为知名的案例就是用维生素 C 治疗坏血病。

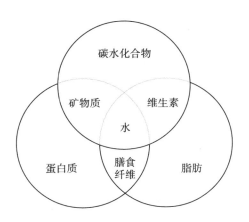

图 3 - 1　动物所需的七大类营养素

　　每种营养素都处于复杂的互作关系网中，想要洞悉全部的作用细节是几乎无法完成的工作。因而，对于每一种营养素或营养源的最有效的应用方式是抓住最关键的循环特点、协同关系、拮抗关系、积累规律，满足最常见的条件性分流，释放最主要的营养功能作用。

3.2　营养的生理调控逻辑

　　营养与机体之间的相互作用规律是通过营养手段调控机体生长发育与健康的基础，研究清楚二者之间的互作关系是根据动物需求状态匹配最适宜营养的前提。

3.2.1　营养与生理的关系

　　营养与生理的关系，总结起来就是营养调控生理过程，生理过程需要营养支持。营养的种类、数量和品质，会影响机体的采食、消化、吸收、转化、沉积等生理过程。同时，机体的生理状态转变或恢复需要具有相应功能的营养来支持，如抗病需要抗病营养，修复损伤需要修复营养，御寒需要即时能量……可见，营养与生理既相互制约，又相互促进。对于饲料营养来说，我们更关心通过营养来干预、调控，甚至逆转机体的生理过程，以实现健康、高效的生长发育。为此，需要在对生理规律深度认知的基础上，运用相应规律来进行营养调控，才能有确定的效果表现。我们需要研究的规律有天然采食偏好规律，恐新现象与调控规律，采食神经内分泌调控规律，消化酶分泌变化规律，不同营养源消化动力学规律，消化酶激活机制及酸碱响应规律，肠道发育及营养需求规律，骨骼发育及营养需求规律，肌肉类型转化及长瘦肉规律，脂肪类型转化及长肥肉规律，肠道微生态建立及平衡规律，营养药理规律，免疫器官发育及营养需求规律，蛋白质、脂肪、糖的体内分解合成代谢规律，内稳态调节及电解质代谢规律，抗病免疫机制及营养需求规律，应激代谢变化规律及营养矫正规律，营养平衡与营养沉积规律……只有把这些复杂的营养与生理相互作用的规律研究清楚，并在此基础上构建适当的营养调控逻辑，才能实现更有效的营养调控作用。

3.2.2　教槽大采食营养调控逻辑

能吃才健康，健康才能长，采食量（或营养摄入量）是健康和生长的基础，直接影响仔猪的成活率和生长发育。我们知道，仔猪断奶前后要经历诸多挑战，如病原侵入与免疫空窗的矛盾、生活环境条件变化以及离母心理应激。如果此时的营养组成和性状不能满足和适应仔猪的抗病、抗应激生理需求，那么后果可想而知。另外，从市场角度来看，采食量是继"不拉稀"之后，最能反映教槽料品质的、最易量化的评价指标，也是饲料企业定义产品的关键属性。现在做产品，"不拉稀"都是标配，即使猪料"无抗"，众多企业能减蛋白，都不会减抗"拉稀"的原料。想长期靠"不拉稀"轻易吸引住客户的时代已经过去，我们不能只靠吹夸采食量来吸引眼球，而应该实实在在地做到实处。在"无抗"不腹泻的基础上把采食量尽量做高，让产品有明确的抗病功能及确定的生长成绩，才能真正做价值爆品。教槽大采食应该是行业长期坚持升级的关键价值，它是提升养殖绩效以及解决各类健康难题的根本。

1. 教槽大采食的价值及评价方法

实现教槽大采食有以下三大价值。对仔猪来说，仔猪维持需要比例低，大采食可以更大地发挥仔猪生长潜能，提高饲料利用效率；大采食促进肠道发育，反馈性提高饲料消化能力，形成正向采食循环，大采食→肠道健康→更大采食；多吃才健康，健康才多吃，对于断奶仔猪，只有先多吃，才能后健康，大采食能减少断奶应激，保障仔猪健康，提高成活率和健仔率。对于教槽产品来说，采食量是评价教槽料优劣的最直观、最重要的指标。更高的采食量意味着更健康、更好消化、更高转化、更多成活，进而更高的采食量意味着更强的产品竞争力；猪场都有自己的产品评价方法，称料比称猪更容易，称料是猪场常用的评价方法，大采食让称料对比更有优势；敢于明确量化产品的采食量，才是对客户负责，才能赢得客户的信赖。对于教槽技术创新来说，在长速目标不变的情况下，提高采食量，可以降低可利用营养浓度，可以降低产品单位成本；在长期目标不变的情况下，提高采食量，可以降低可利用营养浓度，如降低蛋白含量，不仅可以降低产品单位成本，还可以降低腹泻发生风险，做更稳定的无抗教槽。实现对采食量的精确调控，可以让营养的应用有更大的自由度，可以提高效率，节约资源。总之，教槽大采食让产品功能明确、差异明显、效果突出，可提升竞争力，助力做价值爆品。

采食量的评测可以量化也可以靠感官。大采食的标准可从不同的角度来量化，如采食速度，即一段时间内的采食总量或采食一定量所需要的时间；平均每头每日采食量，即 24 小时内的平均每头猪的采食量。感性标准有：采食积极性高，争抢现象明显，嗷嗷叫；采食偏好明显，唯独喜欢吃某款产品；自由采食条件下，采食频率高，饲养员添料频繁。建立可感知的大采食标准是为用户导入竞争防火墙，屏蔽竞争者的重要方法，当然先得确保产品的大采食具有压倒性优势才行。

那么，对于断奶仔猪来说，多大的采食量才算大呢？目前，市售教槽料多数的采食情况并不理想，一般化的教槽料居多，常见表现：①断奶后采食量不能稳步提升，波动大，断奶后前 3 天猛吃，第 4～5 天腹泻比例高，常出现生长停滞、掉膘等情况；②料型过渡适应性偏低，仔猪被迫饥饿性采食，易出现积食、腹泻，反而抑制采食；③吃得多，拉得多，不得已通过降低采食量来减少腹泻。从采食量量化角度看，数十年前定的行业通行标准（断奶后前 3 天总采食 600 克）已经不能满足仔猪对营养的需求和猪场对生长绩效的要求，采食量行业标准亟须修订。经过对多款不同厂家、不同档次的市售教槽料调研发现，多数产品断奶后前 5 天的平均采食量集中在 230～350 克/天。这样的采食量是否理想呢？基于多数市售产品的可利用营养浓度测算，28 日龄仔猪，断奶后前 5 天的平均采食量潜能为 500～600 克/天，而实际情况却与此相距甚远。可见，市场上的多数教槽料在提高采食量方面还有很大提升空间。（采食量潜能：在一定可利用营养浓度条件下，能够充分发挥动物生长潜能的采食量，也可理解为某款教槽料产品的最大采食量。采食量潜能极限受到日粮消化率和品质的影响。）

提高采食量行业标准，一方面，可以督促企业持续创新，把产品做得更好；另一方面，对于商业嗅觉敏锐的企业，可以通过易量化、易考核的标准来屏蔽竞争，抓住这一市场先机。以采食量潜能达成率为标准，不考虑产品的价格、档次、原料等影响因素，达成率越高，采食量就越大，仔猪的生长潜能发挥得就越充分。以此为标准，很多市售教槽料的采食量潜能达成率不足 60%，也就是仔猪生长潜能发挥程度不足 60%，提升空间依然很大。经过持续的研发创新升级，基于大采食教槽技术，新逻辑营养辅导的饲料企业所产教槽料的采食量已经普遍达到断奶后前 5 天总采食 2000 克。断奶后前 5 天，日均 400 克以上的采食量，已经可以保障仔猪生长不减速、肠道健康修复以及更高的抗病力。即使已经实现了上述采食量目标，仔猪的采食潜能依然有较大的挖掘空间。随着采食量的提升，虽然会增加腹泻风险，但是我们不能因噎废食、止步不前。我们需要持续的技术创新，在保障健康生长的前提下，尽可能地释放仔猪生长潜能才是企业存在的最大价值。

2. 统计断奶后前 5 天的总采食量的科学性

比起统计断奶后前 3 天的总采食量，为何用断奶后前 5 天的总采食量评价断奶仔猪的采食情况更为合理呢？养猪经验告诉我们，断奶后前 5 天采食量波动大，断奶后前 3 天猛吃，第 4～5 天普遍下降，仔猪要很好地适应教槽料一般需要 5～7 天。那么，为何会出现这样的现象呢？总结起来，仔猪在断奶后有两道关，第一道是断奶后前 3 天的诱食和上料；第二道是断奶后第 3～5 天的采食量稳步提升。那么，教槽断奶阶段为何出现这两道关，并且是在断奶后前 3 天出现第一道，断奶后第 3～5 天出现第二道呢？其实，这与断奶仔猪的肠道消化机能适应过程和转换周期息息相关。

研究表明，仔猪肠绒毛的寿命为 2～3 天。断奶后前 3 天，由于母乳营养模式肠绒毛结构相对完好，肠道黏膜的屏障及抗应激能力相对较强，不会强烈表现出对饲料的不适应。在此期间，遇到的第一道关就是诱食和上料。目前的技术研发主要是解决这一阶段的问题。从断奶后第 3～5 天，仔猪母乳营养模式肠绒毛集中凋亡、退化，处于完全依赖饲料营养供应的状态，是由母乳营养模式向饲料营养模式转化的关键时期。在此期间，肠道黏膜的屏障及抗应激能力最为脆弱，对饲料抗原的刺激反应最为敏感，肠神经细胞异常活跃，黏膜免疫反应异常强烈，进而极易发生刺激反馈性腹泻，甚至诱发感染性腹泻。此时遇到的就是第二道关：采食量稳步提升。由于母乳营养模式向饲料营养模式成功转换 2 次至少需要 5 天，因此，除了要关注断奶后前 3 天的总采食量，更要关注断奶后前 5 天的总采食量，只有持续 5 天足量采食，才能表明教槽料保障了仔猪肠道的顺畅转换和生长发育，形成了消化吸收与大采食的良性循环。这也是为何要强调营养源改造，即通过提高教槽料的消化性，减少饲料抗原，减少肠道刺激，提供肠道营养，促进母乳营养模式顺利转换。目前行业主要是统计断奶后前 3 天总采食量，这会导致评估不全面，忽视了后续影响期，只有持续 5 天足量采食，才能说明教槽料与仔猪的采食天性、消化能力和适应能力的匹配程度。

3. 影响采食量的因素分析

为何仔猪采食量有这么大的提升空间，却鲜有人能明显提升呢？这与影响采食量的因素众多且难以调控有关。接下来就一起来了解一下影响仔猪采食的各种因素，以便开发出有针对性的系统解决办法。基于影响采食量的关键因素分析进行大采食营养构架如图 3 - 2 所示。

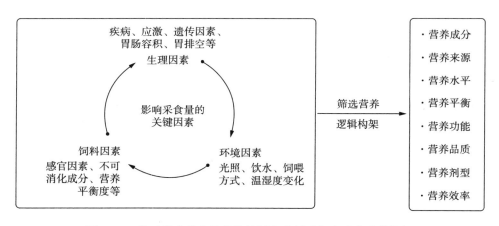

图 3 - 2 基于影响采食量的关键因素分析进行大采食营养构架

（1）影响采食量的生理因素

① 疾病：细菌、病毒、支原体、寄生虫等感染，会降低采食量。

② 应激：换料、转群、免疫、惊吓等应激反应，会降低采食量。

③ 遗传因素：遗传对采食量有明显的影响，如品种差异、个体差异。

④ 胃肠容积：胃容积影响单次采食量，肠容积影响长期采食量。

⑤ 胃排空和消化速率：主要影响一段时间内的总采食量。

⑥ 体内能量平衡状态：消耗增大，如长肉、运动、抗病等，会增加采食量。

⑦ 恐新：猪对不熟悉的饲料，有一个不断尝试的过程，前期采食量会受影响，逐渐熟悉后会增加采食。

⑧ 偏食：猪虽是杂食性动物，但并不是所有食物都喜欢吃，会偏爱某些

食物。

⑨ 食欲：俗话说食欲好，胃口才会大增，食欲是影响猪采食量的关键因素，饲料和环境因素都会影响采食欲望。

（2）影响采食量的饲料因素

① 感官因素：主要包括饲料的气味（食物特有的芳香、人工模拟气味等）和口感（味觉、质地、杂质、料型是否适合咀嚼等），仔猪通过视觉、嗅觉和味觉感受饲料的风味、适口性、厌恶感等。猪的嗅觉灵敏，是人的 500 倍，能分辨出饲料中营养是否是需要的以及是否会带来危害，只有气味获得猪的认可，猪才会去吃；只有口感好，猪才能吃得久，吃得多。

② 不可消化成分：杂质、抗营养因子等不可消化成分越高，采食量越低。

③ 营养平衡度：营养不平衡特别是氨基酸不平衡，会降低采食量。

④ 消化性：易消化的食物，消化快，促进胃肠排空，能提高采食量。

⑤ 脂肪和纤维：延缓胃的排空速度，降低采食量。

⑥ 偏食指数：猪对每种原料的喜好程度不同，饲料产品的整体偏食指数会影响采食量。

⑦ 促食物质：原料中天然含有的或人工添加的促食物质（如诱食肽、促长肽等）能提高采食量。

⑧ 采食奖励：去吃食物不是因为饿，而仅是因为好吃，也就是俗称的"馋"，越好吃的饲料，越能给予猪更多的采食愉悦感奖励。奖励越多，吃的就越多。

⑨ 有毒有害物质：霉菌毒素、重金属、过氧化物、蛋白分解产物、过高和过低的系酸力等会降低采食量。

（3）影响采食量的环境因素

① 光照：适当延长光照时间，调节生物节律，可以提高采食量。

② 饮水：充足且清洁的饮水能保证采食后食物有水润湿，可以提高采食量。

③ 饲喂方式：自由采食和分顿饲喂的采食量不同，增加饲喂频率、饲喂湿拌料或粥料，均可提高采食量。

④ 温湿度变化：适宜的温度、湿度可以提高采食量，反之，会降低采食量。

在众多影响采食的因素中，不少是可以通过营养调控解决的。基于多年的实践总结，我们发现实现大采食需要两步走。第一步，稳定采食：通过最适宜的营养模式，稳定诱食和上料，保障肠道健康，避免饥饿性采食，减少腹泻发生，提供肠道营养，屏蔽肠道刺激，促进母乳营养模式顺利转换，平抑断奶后前5天的大幅波动。第二步，促进采食：在仔猪对教槽料适应良好的基础上，采用多元诱食、促食技术，激发采食欲望，有效改善采食条件，充分发挥仔猪生长潜能。目前，在提高采食量方面，多数人把重点放在了第二步促进采食上，而第一步稳定采食却还没做好，缺乏良好的基础保障，最终导致结果一直不稳定。相反，新逻辑营养是严格按照上述营养逻辑在做技术升级，从解决影响采食的生理因素、饲料因素和环境因素等多个方面进行系统化思考，研究匹配仔猪最适营养，协同调控，创新性地构建并开发出了七维大采食调控技术。

4. 七维大采食调控技术

新逻辑营养针对影响采食的多种关键因素，如疾病、应激、胃肠容积、恐新、偏食、消化性、有毒有害物质、饲喂方式等，从嗅觉、味觉、胃机能、前肠、后肠、采食中枢、免疫系统七个维度，开发了以集成特殊功能营养为核心的，集原料评估优选、原料预处理、生产过程控制、工艺匹配升级等于一体的仔猪七维大采食调控技术（图3-3），系统激发采食潜能，保障仔猪持续抢食。

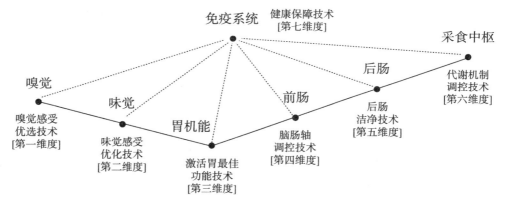

图3-3 仔猪七维大采食调控技术

（1）第一维度：嗅觉

猪的嗅觉极为灵敏，对十分微弱的气味都能分辨，想通过增香来掩盖异味几乎是无法办到的，即使要这样做也只能是起到辅助作用。因此，要提高断奶仔猪的采食量，第一步就是通过嗅觉感受优选技术，为仔猪营造最亲切、最熟悉、最天然的气味，减少恐新，激发采食欲望。让仔猪闻到就喜欢，闻见就走不开，闻到就想吃，真正实现撒上就吃。为此，依据猪的天性筛选优化出教槽断奶期最佳的气味组合：遵循嗜腥性，使用土腥、血腥、羊水腥等；基于气味印记机制，模拟母体、奶水（乳香、奶香）或羊水气味，减少恐新，加快上料；顺应摄食本能，释放原料营养特有的芳香气味，产生极大的吸引力；减少不良气味，通过制剂工艺处理，减少添加剂不适气味的释放；精选清洁新鲜原料，减少原料中蛋白分解物、过氧化物、酸败产物等不良气味物质的含量……

（2）第二维度：味觉

嗅觉决定了敢不敢吃、想不想吃，而味觉则决定了能不能吃、吃多少。猪的味觉极为灵敏，拥有的味蕾数量比人类多 3～4 倍。为此，在味觉呈现上，需要通过味觉感受优化技术，进行偏食指数设计，把厌恶感做到最低，为仔猪带来最愉悦、最持久、最难忘的采食乐趣，建立稳定的采食偏好。改善饲料口感，不仅满足了味蕾的喜好，更重要的是让大脑产生愉悦的感受，建立采食乐趣，刺激采食。具体的味觉感受优化包括以下 6 个部分：①最佳偏食指数设计，仔猪和小孩一样会偏食，对不同原料的喜好程度不同，我们要做的就是通过原料最优组合，设计最佳的偏食指数，做仔猪最偏爱的味道，让猪的嘴巴停不下来；②增强和优化愉悦感，即最佳鲜度、最佳甜度、最佳甘度、最佳咸度、最佳酸度等味觉感受相乘关系设计优化，通过味蕾刺激，让仔猪持续享乐采食；③改善产品口感，通过改善生产工艺，让所有的呈味物质均匀地分散在每一粒饲料中；④改善饲料质地，粒料软硬适中，嘎嘣酥脆，粉料不糊嘴、不呛鼻，最大化提升教槽料的适口性；⑤提高产品的品质内涵，通过对新鲜度、清洁度、熟化度等八度品质管控，将厌恶感做到最低，有害物质含量最小化，提升消化率，改善口味感受；⑥通过制剂工艺处理，让具有不良口味（如苦味、麻涩、过酸等）的添加剂在口腔内少释放。

（3）第三维度：胃机能

激活胃功能，促进胃的消化、蠕动和排空功能，促进胃的预消化功能，胃好，胃口才好。胃容积决定了单次采食量，通过增加采食促进胃的发育，可形成大采食和增加胃容积的良性循环。基于此目的，要改善胃机能一般可从以下几个方面着手：最佳系酸力设计，稳定胃的酸环境，饲料的系酸力过高，中和胃酸，影响胃的蠕动、消化酶分泌、排空和消化，系酸力过低、酸化剂使用过多或使用不当，会抑制胃酸分泌，抑制胃蛋白酶原的分泌和活化，影响消化，通过最佳系酸力设计，促进胃内消化，提高采食量；调节胃的蠕动节律，食物中的蛋白质消化产物，可引起胃窦黏膜释放胃泌素，除能促进胃酸分泌外，对胃的运动也有促

41

进作用，因此可以通过补充特殊小肽来促进胃的蠕动；胃对寒冷的刺激非常敏感，腹部受凉，会影响胃肠的蠕动节律和消化酶活性，需要保温和增加热性原料保健肠胃；通过调节胃的蠕动节律，提高胃的机械性消化能力，让食物在胃内充分消化，提高采食量；促进胃的化学性消化，调节胃液的分泌，激活更多的胃蛋白酶分解大分子蛋白；促进胰液、胆汁和肠液的分泌，为小肠内消化创造有利条件；通过化学性消化，将大分子物质分解为小分子物质，促进营养在小肠内的消化吸收，提高胃排空速度，促进采食；使用养胃、开胃原料和功能营养，修复胃黏膜损伤，养好胃，促进采食。

（4）第四维度：前肠

肠道是动物的第二个大脑，其分泌的很多激素影响饱腹感和饥饿感的产生。通过脑-肠轴调控，促进肠道消化酶产生和内分泌活动，激活肠道第二大脑的采食调控功能，可以有效改善长期采食量。基于此，对脑-肠轴的生理调控一般可从以下 7 个方面着手：①激活肠道味觉感受信号传导，促进胃肠消化液分泌，提高消化速率；②选用特殊肽类物质，刺激肠道平滑肌受体，促进肠道更好地节律性运动；③选用特殊肽类物质，促进肠道促生长激素和增食欲素的分泌，调节采食中枢，促进长期采食提升；④促进肠道有益微生物繁殖，提高饲料消化率，减少蛋白消耗，促进能量吸收，保护肠道健康；⑤短链脂肪酸可以穿过血脑屏障到达中枢系统，激活短链脂肪酸受体，产生饥饿感，促进猪多采食；⑥最优色氨酸含量设计，通过神经递质（5-羟色胺）作用调节采食量；⑦提供充足的肠道营养，促进肠道发育，提升消化道容积和肠道健康度，提高长期采食量。

（5）第五维度：后肠

机体炎症水平严重影响采食欲望。体内的促炎物质主要来自后肠，因此减少后肠炎症因子产生，降低机体炎症水平，可解除炎症的采食抑制，稳定和促进采食。为此，通过集成应用健康安全的后肠抑菌消炎物质，如穿膜铜、发酵产物等，有效抑制后肠蛋白的腐败发酵，减少氨、胺类、硫化氢等促炎物质产生，减少后肠炎症和体内炎症，改善动物亚健康状态，提高营养代谢效率，促进采食量稳步提升。

（6）第六维度：采食中枢

采食中枢的愉悦与厌恶、饱腹感与饥饿感的状态，最终决定了动物的短期和长期采食量。对采食中枢的调控，通常采用代谢机制调控，包括以下两个部分：

①外源营养因子调控，如使用功能氨基酸，激活摄食"奖赏"中枢，提高采食愉悦感，建立采食偏好；使用游离脂肪酸，刺激摄食中枢，产生饥饿感，降低饱腹中枢对饱腹感的敏感性。②内源代谢活性产物调控，可使用经消化后能产生促进采食、促进生长、增强免疫力的肽类、糖类、脂类等功能性活性营养源，提高消化后的愉悦感、舒畅感。

（7）第七维度：免疫系统

机体的健康状态是大采食的基础保障，只有健康的机体，才会有健康的生长和采食。为此，需要采用健康保障技术，解毒排毒，保持免疫稳态，进而正向促进嗅觉系统、味觉系统、消化系统和采食中枢系统对采食的正向动力，实现持续稳定采食。免疫系统的健康保障包括以下两个方面：①免疫稳态调控，免疫过度激活，产生炎症风暴，降低采食量；免疫抑制，降低动物抵抗力，食欲降低，采食量降低。通过免疫稳态调控保障免疫系统稳定，恢复动物抵抗力，从而稳定采食量。②即时补充免疫所需营养，解毒排毒，促进内脏和免疫器官发育，维持机体免疫稳态，保证营养代谢顺畅和正常分流。

仔猪的生长潜能和采食潜能很大，但现实中很多教槽料的表现并不理想，还有很大提升空间。新逻辑营养实现断奶后前 5 天总采食 2000 克，只是迈出了提高教槽料采食量行业标准的一小步，接下来还有很长的路要走。由于影响采食量的因素众多，仅靠提高熟化度、改变硬度、使用诱食剂等一两种手段，很难稳定地改善采食量。为此，需要针对影响采食的关键因素，从改善嗅觉和味觉感受、提升胃机能、调控脑-肠轴、洁净后肠、激活采食中枢、保障免疫健康七个维度着手，综合运用功能营养集成、原料优选和组合、原料预处理和工艺优化，以及生产过程质量控制等多个方面的技术，才能实现稳定采食和促进采食。大采食教槽技术对于提高教槽采食量和推高行业标准已经起到了很大作用，但对于采食量调控，还有很多因素不能控制，要进一步稳定地提高采食量，仅关注本书所述的营养调控要点还远远不够，仍需要从更多的维度来着手解决。

3.2.3　肠道健康的营养调控逻辑

腹泻是教槽断奶阶段常见的肠道健康问题，导致断奶仔猪腹泻的因素同样有很多，因此能稳定解决问题的针对性解决方案和防控措施也应是多维的；否则，调控效果必然漏洞百出。与腹泻发生、发展过程密切相关的肠道健康问题有七个维度，分别是有害微生物、有益微生物、病毒、毒素、肠道炎症、水盐渗透平衡度、肠黏膜状态。因此，提升教槽料的肠道健康保障能力，至少应在七大解决途径上下功夫，分别是抑制有害微生物、促进肠道有益微生物增殖、灭活病毒、黏附吸附毒素、抑制促炎物质产生和抗炎抗过敏、凝胶收敛止泻、营养保障肠黏膜健康。接下来对每个维度的技术细节进行介绍。

1. 抑制有害微生物

我们寻找抗生素的替代品，首要替代的就是抗生素的抑菌、杀菌功能。为了更快速地寻找到目标，筛选抑菌物质和产品应遵循以下原则：在饲料原料及添加剂品种目录中，合规合法安全；严格评估微生物发酵产物和产品，避免潜在的禁用抗生素污染风险；对动物细胞和组织没有危害，或可以参与动物的营养代谢；具有普遍的抑菌机制，如能抑制细菌能量、蛋白、核酸代谢，抑菌谱广；首选物理化学抑菌，如破坏细胞稳定性，可减少细菌抗性产生。依照上述原则，我们根据《饲料原料目录》和《饲料添加剂品种目录》，总结出具有明确和较强抑菌作用的原料：矿物元素、免疫活性蛋白、防腐剂和防霉剂、酸度调节剂、表面活性剂（乳化剂）、植物精油（植物提取物）、部分酶制剂和肽等种类。接下来将重点介绍上述原料的筛选与应用要点。

矿物元素包括铜元素，在饲用矿物元素中最能有效抗菌的当属铜元素（Cu），它是为数不多的在生理适宜浓度下还具有良好抗菌作用的金属元素。数据表明，在水溶液中，铜离子最低杀菌浓度，一般在 $0.06\sim0.6$ ppm。按照《饲料添加剂安全使用规范》中铜的使用限量 125ppm 来计算，吃一份干料，喝两份水，动物食糜溶液中铜离子浓度应在 40ppm 以上。如此高的浓度就算是抗性最强的沙门氏菌也能杀灭，但为何吃了高铜饲料的仔猪还经常爆发各种细菌性腹泻呢？研究发现，饲料中存在许多能阻碍铜离子游离的物质，如纤维素、植酸、磷酸等，都能与其结合形成配合物或沉淀物，进而将铜离子浓度降低至 0.06ppm 以下。在此浓度下，铜元素的抑菌能力很弱，另外这一数据也很好地解释了为何过去使用极高铜 250ppm 猪不会中毒的原因。要想全面发挥铜元素的抑菌能力，需要对其进行一些特殊的工艺处理，相关方法已经公布在了新逻辑营养申请的国家专利中（专利证书号第 3664422 号），有兴趣的读者可以查阅。上述专利所涉及的肠溶复合铜杀菌剂及其制备方法已经转化并用于实际生产，相关产品已经量产并推广应用。采用本专利所述方法对饲料用铜源进行特殊工艺处理，可明显改善铜的杀菌抑菌能力，在饲料"无抗"的大背景下，为做好"无抗"饲料和健康养殖提供了有力支持。

目前常用的免疫活性蛋白并不是很多，常见的有卵黄抗体、乳铁蛋白等，由于这些免疫活性蛋白普遍价格昂贵，很多人并不会选择使用。这里重点讲一下能特异性预防细菌和病毒性腹泻的卵黄抗体 IgY。卵黄抗体是指蛋鸡受到外来抗原的免疫刺激所产生的富集在蛋黄中的抗体。在实际应用中，可根据抗体纯度和成本要求，选择不同纯度的 IgY 使用，如全蛋粉、蛋黄粉、精制 IgY。卵黄抗体的筛选需要从抗体的种类、滴度、活性等方面进行评估，筛选评估过程复杂，对检验能力和成本投入要求也很高，很多饲料企业实施起来较为困难。另外，卵黄抗体不耐高温，在使用过程中要特别注意。

防腐剂是指一类主要抑制细菌繁殖的物质，而防霉剂是指一类主要抑制霉菌繁殖的物质。防腐剂和防霉剂除了可以延缓饲料腐败霉变外，在消化道内还能在一定程度上抑制有害菌的繁殖，减少腹泻发生。常用的防腐剂和防霉剂主要是各类有机酸盐，如甲酸钙、丙酸钙、苯甲酸钠等。这些物质虽说抑菌杀菌能力优异，但对适口性影响较大，需要特别的包被处理才能规避其负面影响。另外，这些有机酸盐的抑菌机制主要是渗透性杀菌，需要在低 pH 条件下由有机酸根离子态转变成分子态，有机酸才能有更好的作用。但是肠道中后段多为偏碱环境，因此为了更好地发挥它们的抑菌能力，需要配合使用一些酸性物质才更有效，并且还要做到酸性增效剂与防腐剂同步后肠释放，效果才最好。新逻辑营养专门开发了"多盐缓冲＋后肠控释"工艺，来确保有机酸盐抑菌活性的最大化发挥。

酸度调节剂根据酸碱性分为酸性和碱性两类，常用的酸性调节剂有甲酸、乳酸、柠檬酸、磷酸等，常用的碱性调节剂有碳酸氢钠、碳酸钠等。在生理 pH 范围内，单纯地依靠 pH 调节来抑菌的作用有限，通常会将酸度调节剂与防腐剂、防霉剂组合使用，将酸度调节剂作为 H^+ 供体，来提高防腐剂和防霉剂的抑菌能力。另外，多数酸度调节剂具有强烈的刺激性气味和口感，需要特别的吸附或包被处理才能更好地应用。

表面活性剂主要是通过降低细菌细胞膜的表面张力来实现抑菌，常用的表面活性剂有脂肪酸甲酯、脂肪酸乙酯、聚甘油脂肪酸酯、蔗糖脂肪酸酯等。要想更好地发挥表面活性剂的抑菌作用，单靠简单地混合是无法实现的，因为在非乳化状态下，表面活性剂根本无法与细菌充分接触。为此，新逻辑营养结合饲料企业的生产设备条件，开发了原料舒解处理工艺，利用特别配伍的表面活性剂，对各类原料进行预先乳化舒解，不仅起到营养增溶和易于消化的作用，还可以起到裂解病原的抑杀作用。

　　常用的植物精油有牛至油、百里香酚、香芹酚、肉桂醛等，它们多数都具有较强的挥发刺激性气味，使用时应进行适当的包埋稳定化处理，一方面降低对采食的影响；另一方面减少挥发，保证精油在饲料中可以长时间存留。除了精油，植物源的抑菌物质还有单宁酸、绿原酸、黄酮、皂甙等植物提取物。由于这些植物提取物的浓度一般较低，所以在使用时的添加量一般要稍高些，才能有稳定的效果，但对采食也可能产生抑制。

　　具有抑菌作用的酶和肽，如葡萄糖氧化酶、乳酸菌素、聚赖氨酸及其他抗菌肽等，主要通过微生物发酵获得。因而，在应用时一定要严格地、细致地、经常性地进行筛选评估，避免潜在的禁用抗生素污染风险。

　　具有抑菌能力的物质还有很多，每种都有自身的特性，应用前要从其安全性、有效性、风险性等方面系统评估。实现稳定的抑菌需要多种不同抑菌机制、不同抑菌谱的抑菌物质的集成应用和制剂化处理，才能达到理想效果。

　　2. 促进肠道有益微生物增殖

　　俗话讲，"养猪就是养肠子"，后边还需补充一句："养肠子就是养肠子里的微生物。"据测算，成年人肠道内的微生物质量达到 1 千克，数量巨大，影响着营养的消化吸收、肠道的健康、机体的炎症水平、能量的沉积代谢，甚至影响着人对食物的偏好以及精神状态。由此可见，肠道内数量庞大的微生物对动物的影响不容小觑。肠道微生态的结构和平衡状态决定着仔猪对饲料的适应能力以及病原菌的抵抗能力。为了帮助猪快速建立和维持肠道微生态平衡，除了采取前述的抑菌措施外，还需要采用多重方法来促进肠道有益菌的繁殖。

　　目前，常用的促进肠道有益菌繁殖的途径有两个，分别是使用益生菌和益生元。益生菌主要有乳酸菌、丁酸梭菌、粪肠球菌等，益生元主要有低聚果糖、低聚半乳糖、低聚木糖等。下面重点讲一下如何正确评估和应用，避免其副作用。使用益生菌，除了要评估复活、定植能力，更重要的是评估菌株的安全性，即该菌株是否具有感染能力，是否会产生有害代谢产物，是否会引起过敏反应，是否携带耐药基因，否则使用此类益生菌不仅不能防控腹泻，还会引起腹泻。因为有益和有害微生物都是相对的，平衡一旦被打破，就会出问题。而使用益生元，最大的问题就是用量，用量低没有作用；用量高了，同样会打破微生态平衡，有益菌过度繁殖，反而会引起腹泻。

　　对于肠道微生物群落的调控有三大关键措施：①在仔猪断奶前后，肠道微生态有一个再平衡的过程，这一时期应着重于通过补充外源益生菌，帮助仔猪建立微生态平衡；②待微生态再度平衡后，基本已经进入保育阶段，此时应将重点放在抑制有害菌的过度繁殖以及增强肠道屏障功能上；③为有益微生物提供所需的独特营养源（某些维生素、微量元素、益生元等），保障有益微生物的优势地位。可见，从建立和维持肠道微生态平衡角度来使用相关微生态制剂、益生元和抑菌物质，在仔猪断奶前后和保育阶段的集成应用方案的侧重点应是不同的。微生态的平衡很微妙，这个平衡不光涉及微生物群体内部的平衡，还涉及动物机体与微生物的平衡，需要统筹考虑，才能一体化解决。

3. 灭活病毒

病毒性腹泻是由流行性腹泻病毒、传染性肠胃炎病毒、轮状病毒等引起的较难防治的腹泻类型。饲料"无抗"的首要目标是控制腹泻，为预防病毒性腹泻的潜在风险，需要在抗病毒营养方面做有效的集成应用，同时还需配合使用抗菌物质，预防继发性细菌感染以及使用抗炎物质减少炎症性腹泻。抗病毒营养按功能一般可分为两大类：一类是可以直接结合、破坏病毒的营养素，如单月桂酸甘油酯、卵黄抗体等；另一类是可以增强机体抗病毒免疫的营养素，如硒（亚硒酸钠、酵母硒、纳米硒），免疫氨基酸（谷氨酰胺、苏氨酸、精氨酸等），免疫肽（如谷胱甘肽、胸腺肽等），免疫多糖（如黄芪多糖）等。以单月桂酸甘油酯为例，单月桂酸甘油酯抗病毒的机理在于可以插入病毒的囊膜，破坏囊膜结构，暴露病毒蛋白核心，切断病毒与肠壁细胞的黏附，诱发机体免疫反应，避免病毒感染。由单月桂酸甘油酯抗病毒的机理可见，单月桂酸甘油酯对具有囊膜的病毒，如流行性腹泻病毒、传染性肠胃炎病毒、非洲猪瘟病毒等会有较好的灭活能力，却不能有效灭活无囊膜病毒，因此单月桂酸甘油酯并不能 100% 抵抗所有肠道病毒的感染。在饲料中直接使用单月桂酸甘油酯的最大问题是其在饲料中的分散性较差及易被消化吸收而降低功效，需要配合特别的分散工艺和吸收屏蔽措施来提高抗病毒活性。卵黄抗体，也有一定的抗病毒功能，相关内容已在抗菌篇章里有论述，这里不再赘述。

相比抑菌杀菌物质，可以直接灭活病毒的饲用物质不多，最主要的抗病毒途径还是通过免疫营养提高机体自身的免疫力。如硒元素可以提高和维持抗体水平，增强免疫细胞功能，提高抗氧化应激能力，是机体抗病毒感染过程中不可缺少的重要元素之一。常用的补硒产品有亚硒酸钠和酵母硒，相较于二者，由新逻辑营养最新开发的"红色单质纳米硒"在安全性、稳定性和利用率方面具有更强的优势，在提高动物免疫力和保障产品稳定性上具有更好的作用。此外，蛋白质是动物抗病毒免疫反应的主要物质基础，作为组成免疫蛋白的结构单位——氨基酸，如谷氨酰胺、苏氨酸、精氨酸等是免疫反应的限制性氨基酸。尤其在免疫应激状态下，机体对氨基酸需求模式会发生重大变化。在设计配方时应考虑到不同健康条件下的氨基酸需求模式差异，以防止免疫氨基酸缺乏。另外，一些具有免疫活性的肽，如谷胱甘肽、胸腺肽等，也能实现对免疫系统的保护和免疫功能的强化。

由于病毒的特异性和变异性，抗病毒一直以来都没有长期有效的"特效药"。要更好地实现对病毒性腹泻的预防和控制，仍需从提高仔猪自身免疫力着手，根据日粮营养组成和养殖条件集成使用最有效的抗病营养才是重中之重。

4. 黏附吸附毒素

饲料中的毒素不可避免，这些毒素会造成肠道损伤，导致仔猪对应激和感染抵抗力降低，腹泻风险加大，给无抗饲料的稳定性带来巨大隐患。那么，如何才能有效地屏蔽饲料毒素对肠道屏障的损伤呢？饲料中的毒素包括霉菌毒素、过氧化物、醛、重金属、杀虫剂等，它们的来源各不相同，霉菌毒素、过氧化物和醛是在储存过程中原料变质所产生的，重金属主要是由饲料中所使用矿物类原料未做严格检验而掺入的，杀虫剂是使用陈化粮所携带的。要降低饲料中各类毒素的含量并减少其所带来的危害，最有效的方法就是使用清洁、新鲜和经过严格检验的低毒、无毒原料。对于饲料中霉菌毒素、重金属等的屏蔽，目前最常用的手段是采用各类吸附剂来吸附，以减少游离毒素对肠黏膜的损伤。对于吸附剂的使用，业内的评价褒贬不一，不过为了预防潜在的毒素风险，确保饲料无抗的稳定性，还是有必要在营养充足条件下使用毒素吸附剂。目前市场上的吸附剂产品，可分为两类：一是无机吸附剂，如膨润土、蒙脱石及各种黏土；二是有机吸附剂，如酵母细胞壁提取物、纤维素和半纤维素等。选择吸附剂产品需要根据目标毒素的特性，选择具备吸附选择性强、吸附容量大、吸附结合常数高的产品才能保证稳定的效果。由于饲料中潜在的毒素种类很多，使用单一的吸附剂不可能规避所有的毒害威胁，因而，在黏附吸附毒素上，依然要走技术集成的思路，针对饲料产品中常见的或确定已经存在的，会对品质造成重大影响的毒素进行防范。

黏附吸附毒素的方法只能作为增加饲料安全性、稳定性的预防措施，而不能作为有意使用变质的、高毒素原料的防护或补救措施。一边吃毒，一边排毒，并不能从根本上解决毒素对机体的危害。

5. 抑制促炎物质产生和抗炎抗过敏

仔猪腹泻是动物本能的生理反应过程，这一过程通常会伴随着肠道炎症的产生。肠道炎症最常见的表现是黏膜中毛细血管扩张和通透性增加，因为当发生炎症的时候，机体为了输送更多的炎症细胞和细胞因子到达炎症区域，就会打开血管上皮细胞的紧密连接。炎症一般发生在局部，但是对全身都会有影响，如炎症性腹泻期间，肠道水分渗出增加，仔猪就容易脱水，甚至死亡。肠道炎症的危害不言而喻，按诱发因素划分，一般可分为感染性炎症和非感染性炎症。消除感染性炎症的最重要方法是采用安全有效的抑菌杀菌物质消灭致病菌，那么，对于引起腹泻的另一重要原因——非感染性炎症如何消除呢？炎症是机体对外界刺激做出的一种防御或应激反应，要减少非感染性炎症需从它的诱发原因入手。我们知道，饲料中不可避免地存在多种致敏蛋白、霉菌毒素、杂质以及进入肠道后由细菌分解不可消化养分产生的促炎物质（氨、胺等），这些都会诱发肠道炎症。想要减少肠道炎症，必须有相应的预防和补救措施。针对诱发非感染性炎症的关键因素，有两大途径来进行规避：第一，尽可能减少饲料中的促炎物质，如蛋白做舒解处理，破坏其致敏性；采用后肠释放的安全抑菌物质，减少后肠未吸收养分分解产生的炎症因子；原料认真清理，尽可能减少致炎的毒素和杂质。第二，在无法避免潜在炎症风险的情况下，预先进行抗炎、抗过敏，这就需要使用适当的具有舒缓、镇定、抗炎、抗敏、抗氧化等功效的功能物质，如部分植物提取物等。减少肠道炎症应以尽量规避相关诱发因素为主，以事后补救为辅，只有这样才更经济、更健康。

6. 凝胶收敛止泻

腹泻的一大表现是粪便水分含量过高，因而，控制腹泻的最简单的方法是能让肠道吸收更多的水分。那么，肠道中这么多的水分来自哪里，是首先要搞清楚的问题。大家知道，动物在消化过程中，体内水分首先要经由消化液进入肠腔，浸润食物以便于消化（肠腔内水分大约 80% 来自消化液），肠道远端再将水分重吸收进入体内，这也正是腹泻容易导致脱水的重要原因。要促进肠道水分重吸收，还要搞清楚水分吸收的主要生理机制。肠道吸收水分的动力主要依靠上皮细胞主动转运电解质（钠离子、钾离子、氯离子、硫酸根离子等），氨基酸，小肽，葡萄糖，乳糖，蔗糖，小分子有机酸等时形成的渗透压，因而，如果肠道的主动跨膜运输能力不足或肠内食糜高渗，都会导致过多的水分滞留在肠腔内，从而形成软便或水样便。

除了感染性和炎症性腹泻以外，仔猪还常发生的腹泻类型就是由于肠腔内存在大量不能被主动吸收的高渗性食物，体液中水分大量进入高渗肠腔，所导致的渗透性腹泻。此类腹泻的主要表现是：粪便颜色和消化正常，禁食后腹泻停止，"边吃边拉，边拉边长"，生长状况良好。导致渗透性腹泻高发的原因有先天因素和饲料因素两大类。先天性方面，有相当比例的仔猪发生渗透性腹泻是先天性的基因缺陷造成的，如先天性乳糖酶、蔗糖酶缺乏，致使无法高效吸收而形成肠内高渗状态；先天性的肠道发育不良，主动运输能力偏低，致使形成肠内高渗状态。针对这种情况，最有效的办法是降低饲料的渗透性，如采用低电解质、低游离小分子营养，避免肠内高渗透压的冲击。饲料方面，只看到配方中食盐的用量，忽视其他原料中的矿物离子含量，如赖氨酸盐酸盐、各类微量元素硫酸盐、酸化剂等，没有测定真实的盐含量，致使实际饲料渗透压过高。在渗透压调控上，可以通过凝胶（如耐酸过胃型氢氧化铝）控制食糜中小分子营养的游离速度，来平抑肠内渗透压，减缓体液进入肠腔，加快水分吸收速率（即收敛作用），进而提高教槽料对仔猪高渗耐受能力的个体差异的普适性，减少渗透性腹泻的发生。仔猪腹泻的种类多种多样，不管是感染性、炎症性，还是渗透性腹泻，我们都需要多维度分析，一体化解决，方能见效。

7. 营养保障肠黏膜健康

肠黏膜的结构（上皮细胞、紧密连接、黏液层等）和功能（免疫、消化、吸收等）完整是仔猪抵御腹泻风险因素威胁的生理基础，为肠黏膜提供充足的营养物质支持是确保其结构和功能完整的物质基础。为此，我们有必要基于肠道的营养代谢特点，有的放矢地为其提供合适的营养素，以提高肠道的抗腹泻能力。肠上皮细胞70%的营养供应来自肠腔内的直接吸收。从能量代谢来看，饲粮中谷氨酰胺、谷氨酸、天冬氨酸是小肠黏膜的主要燃料，而非血糖（肠组织消耗的葡萄糖仅有15%来源于动脉摄取），日粮中绝大多数谷氨酰胺和几乎所有的谷氨酸和天冬氨酸都需要先经过肠道处理加工。短链脂肪酸特别是丁酸是后肠首选的供能物质。从氨基酸代谢来看，氨基酸是支持肠道生长发育的关键营养物质。动物整体与肠道对氨基酸的需求模式存在较大差异，例如，在首过代谢中，97%的谷氨酸、95%的天冬氨酸、67%的谷氨酰胺会被肠组织降解，用于供能或合成细胞结构蛋白和其他物质。在饲粮中添加肠道偏好的氨基酸对于保持肠道健康与活力具有非常重要的作用。从脂质代谢来看，日粮中的长链不饱和脂肪酸（PUFA）尤其是 Omega - 3（ω - 3）和 Omega - 6（ω - 6）不饱和脂肪酸对肠黏膜上皮细胞膜的稳定性及免疫系统的维持具有重要的调节作用。适宜的 PUFA 可增强中性粒细胞的杀菌能力、调理吞噬作用和巨噬细胞的功能，缓解慢性和急性炎症，促进肠道健康。

　　肠道是机体与外界环境接触的最大器官，构建了环境与机体之间最大的防御屏障，包括肠黏膜上皮及黏液层形成的机械屏障和肠道免疫细胞及其分泌抗体所形成的免疫屏障。要维持和保护屏障结构和功能完整，需要为肠道提供全面而充足的结构营养、能量营养和免疫营养。相关营养素有以下种类：肠道结构营养，如苏氨酸（黏液蛋白主要组成氨基酸）、PUFA、核苷酸等；肠道能量营养，如谷氨酰胺、谷氨酸、天冬氨酸、支链氨基酸、丁酸等；肠道免疫营养，如脯氨酸、瓜氨酸、精氨酸、谷胱甘肽、黄芪多糖、核苷酸等。满足肠黏膜的营养需求，增强肠道抗应激能力是实现饲料稳定无抗的基础，是稳定无抗技术的关键，是营养调控肠道健康的重要环节。肠道健康的营养调控逻辑如图 3-4 所示。

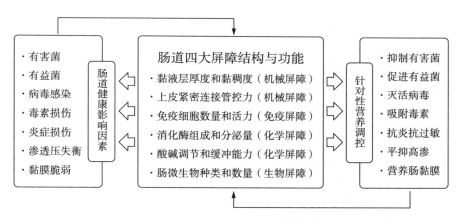

图 3-4　肠道健康的营养调控逻辑

　　总结起来，要想仔猪肠道实现稳定的健康，必须集成多维替抗技术和肠道黏膜屏障保护技术。尽管很多企业已经实现了教槽料的稳定无抗，甚至便秘，但多数的营养供应形式和方式与断奶仔猪的肠道及机体生理转换的匹配程度并不高，致使教槽料在采食量、消化率、利用率等方面的整体竞争力并不强。

3.2.4　低应激转肠营养匹配逻辑

　　在猪的一生中，机体所需营养的供应形式和供应方式一直在发生着变化，一般可归纳为三种形式，妊娠期是胎儿营养（胎盘营养或血液营养），哺乳期是奶水营养（母乳营养），断奶之后的生长期是饲料营养。在猪的生长发育过程中，营养的转换与生理的转换是相互影响的。从妊娠期到哺乳期，营养的供应主要由母体决定；而从断奶到之后的生长期，营养的供应则完全由人来调配。从母乳到教槽料（图3-5）能否实现匹配衔接以及后续营养能否满足机体需求决定了仔猪的生理能否完成对饲料的适应转换，进而决定了仔猪能否建立健康的对常规饲料营养的消化、吸收和转化的生理机能。

图3-5　母乳与教槽料的差异性

在教槽断奶阶段，最为重要的营养转换与生理转换可以形象地概括为"奶肠到料肠转换"，"奶肠"是指以母乳为营养来源并适应于消化母乳的肠道模式；"料肠"是指以饲料为营养来源并适应于消化饲料的肠道模式。从奶肠到料肠，营养转换与肠道转换之间存在着复杂的相互作用关系，营养转换是人为的主动过程，肠道转换是相对被动的适应过程。同时，肠道转换必须有适宜的特殊转换营养支持，营养转换与肠道转换的匹配程度就决定了奶肠到料肠转换的平稳性和安全性。"养小猪就是养肠道"是业内人士的共识，如何将肠道养的更好却是见仁见智，尤其在奶肠到料肠转换的养猪关键期。回归营养的基本逻辑，基于肠道转换的生理规律，方能为仔猪匹配最适合的肠道转换营养，把肠道养的更好。

"奶肠"和"料肠"在结构和功能上有哪些差异？转换过程中肠道在哪些方面发生了哪些变化？正常情况下，肠道转换至少需要多长时间？将上述三个问题研究清楚，就是要以动态的眼光来看待"奶肠"到"料肠"的转换规律，充分了解转换前的初始状态（奶肠）、转换的过程细节、转换的结果状态（料肠）和转换所需的必要时间。

由于所需消化食物的差异和不同食物中的营养支持不同，"奶肠"和"料肠"在结构和功能上必须做出适应性调整。以大家熟知的肠道四大屏障（机械屏障、免疫屏障、化学屏障、微生物屏障）为例，"奶肠"的黏液层厚度和黏稠度、上皮细胞间紧密连接的紧密度、固有层的厚度等都较"料肠"低；"奶肠"的分泌型抗体的分泌量、巨噬细胞的数量、吞噬和抗原呈递能力、免疫细胞的分化程度等都较"料肠"低；"奶肠"的 pH 调节和缓冲能力、消化酶的组成和分泌量等与"料肠"有很大差异；"奶肠"中的微生物数量、种类与"料肠"也有很大差异。

在肠道转换过程中，除了可见的组织结构和功能的变化，还有肠黏膜代谢模式的转换，从含有丰富的可直接利用的黏膜营养的母乳到黏膜营养匮乏的普通饲料，肠黏膜细胞需启用新的代谢通路以适应营养底物的变化，来自我合成黏膜营养（也只能部分合成）；吸收模式的转换，从吸收母乳养分并用胞吞、胞饮和跨膜运输等吸收方式转换为吸收饲料养分以主动运输为主的吸收模式；免疫模式的转换，从几乎无免疫原性的母乳到刺激性明显的饲料成分，肠道的免疫系统和免疫细胞要在最短的时间内被富集和激活，要对很多成分产生免疫反应和免疫耐受。肠道转换过程中肠黏膜结构和功能的变化如图 3-6 所示。

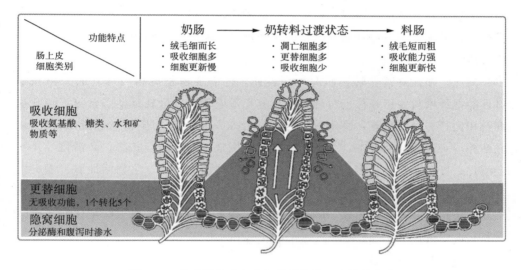

图 3-6　肠道转换过程中肠黏膜结构和功能的变化

断奶是个过程，"奶肠"到"料肠"转换并非一蹴而就，需要充足的时间保障。在教槽大采食营养调控逻辑中推荐用断奶后前 5 天的总采食量来评价仔猪的采食状态，就是基于从母乳模式（"奶肠"）到饲料模式（"料肠"），肠黏膜需要至少完成两次更新，安全度过断奶后 3～5 天的高危期，并生长出健康的饲料模式肠黏膜，才能确认肠道转换成功。营养因素和发育阶段因素共同决定了"奶肠"到"料肠"的转换过程。在断奶日龄（发育阶段）相对固定的情况下，我们唯一能做的就是尽可能为肠道提供系统的、多维度的转换营养，并采用适当的供应形式和供应方式来促进肠道的顺利转换。一般要做好营养转换与生理转换，尤其是肠道转换匹配，至少需要遵循以下营养逻辑：

1. 适应性训练

肠道黏膜的主要营养来源于肠腔内直接吸收供应，决定了从"奶肠"到"料肠"转换必须要有充足的、特殊的、多维度的外源肠道营养支持。当前，我们面临的第一道难关，往往不是给仔猪什么营养，而是先要让仔猪在断奶后能尽快适应饲料，爱吃、能吃、多吃，才有可能给予肠道足够的转换营养。如果采食量低，就意味着教槽料中的外源肠道营养浓度必须大幅度提高，才能满足肠道转换的需要。为此，需要遵循教槽营养的组成和供应形式与仔猪的咀嚼、消化、解毒等的适应能力相匹配的基本原则，将可选的营养源详细归类，合理架构配方。围绕提升采食量以及衔接母乳和保育料的双重过渡要求，优选营养源和营养素，采用高适应原料与低适应原料相搭配，以达成快速上料与适应性训练的良好统一为目标。促进采食与适应性增强的正向循环形成，同时达成断奶平稳过渡和保育平稳过渡。

为此，要做好营养转换匹配生理转换，还需要清楚饲料与母乳的差异在哪里，能把教槽料做得越接近母乳，就越容易适应转换。母乳是动态营养，与常规饲料相比具有以下特点：高水分，含水量为80～90%；均质化，乳蛋白、乳脂、乳糖等均一溶解；结合态，多数矿物质、维生素等处于结合状态；高消化，几乎全消化；好功能，富含多种功能成分，乳免疫球蛋白、酶、生物活性肽、表皮生长因子、核苷酸、多/寡糖、OPO脂肪。教槽料的营养供应尽量接近母乳的状态是减少转换应激的根本途径，除了要关注营养水平，还要重点关注消化性、刺激性和功能性等。

2. 快慢消化平衡

奶料转换的过程也是肠道对教槽料的消化、吸收能力逐步建立和增强的过程。在匹配营养源组成时，教槽料的整体消化性要根据仔猪肠道的承受能力来设定，不可过低，也不可过高。消化性过低，营养释放速率太慢，会导致肠黏膜不能及时得到足够的黏膜营养支持而出现损伤修复延迟或损伤扩大；消化性过高，不能兼顾消化吸收模式转换的适应性训练，反而又会推迟转换进程。教槽料的整体消化性可通过快消化淀粉、慢消化淀粉、快消化蛋白、慢消化蛋白、小肽、氨基酸、多种糖源、多种黏膜营养等的合理架构来控制。这样做一方面可以通过快速消化营养即时供应肠道必需的营养素，保证肠黏膜的正常发育和更新；另一方面通过平衡消化速率，可实现营养长效消化吸收，提高营养利用率。

3. 高渗低渗平衡

渗透性腹泻是奶肠到料肠转换期间最容易被忽视的腹泻类型，主要由仔猪肠道发育尚未完全，肠黏膜上皮细胞的主动运输能力弱，过多水分滞留在肠腔内所导致。肠道吸收水分的动力主要依靠上皮细胞主动转运小分子营养形成的渗透压，因而，要减少肠内水潴留，就要合理应用上述小分子营养素。对这些营养素的应用不是越多越好，应讲求平衡。用量过高，会出现肠内高渗冲击，降低肠壁渗透压梯度，减小水分吸收速率，导致渗透性腹泻增加；用量过低，难以形成合理的跨膜渗透压，反而会干扰水分的正常吸收，导致渗透性软便增加。针对这种情况，最有效的办法还是为仔猪匹配具有合适的、平稳的肠内渗透压的教槽营养方案。

4. 高低辩证应用

"高"侧重于营养生长，"低"侧重于健康危害。为了仔猪健康生长，通常的做教槽创新思路，都希望高营养、高摄入、高消化、高转化、高生长，却忽视了与之对应的"低"是"高"起效的条件，忽视了低危害、低致敏、低干扰、低拮抗、低炎症等，可以更好地支持将"高"更好地发挥。如果致敏高、干扰高、拮抗多、炎症高，实现"高"非常困难，因此我们要先把"低"做好再说"高"，换句话说就是重新审视"低"是否做到位。这种辩证的高低应用逻辑应用于保障"奶肠"到"料肠"的转换过程，就是要求我们要给予仔猪高效能、高保护、高利用的黏膜营养，要尽量减少会加重或造成肠黏膜损伤的有毒有害物质，用"低"保障"高"的达成，进而促进肠道健康转换。

5. 功能黏膜营养集成

在"奶肠"到"料肠"的转换过程中，肠黏膜所必需的营养物质种类众多。通过简单的混合加工，很难满足脆弱的肠道对营养的柔和性、长效性和均衡性的要求。要想把这些黏膜营养使用好，应以实现确定结果表达为目标。基于乘法原则，采用适宜的制剂工艺对多种黏膜营养进行处理，使各组分间具有良好的协同性，并匹配在适宜的生理条件下发挥作用。同时，结合肠道健康转换和生长发育需求，制订最佳的集成应用方案，才能更好地解决教槽断奶过程中的各种过渡难题。

低应激转肠的实现，正是建立在遵循营养转换与肠道生理转换相匹配的基本原则之上，满足"奶肠"到"料肠"转换对营养的特殊要求。让教槽营养的供应形式和方式与"奶肠"到"料肠"转换需求相适应，以最佳的匹配程度支持和促进肠道健康且快速转换，进而强化教槽料的产品价值。基于对"奶肠"到"料肠"转换的生理规律和营养逻辑的深刻理解，新逻辑营养构建了以实现大采食与肠道健康转换正向循环为主要技术路径的"大采食教槽料"方案，辅导饲料企业所生产教槽料的采食量已经普遍达到断奶后前5天总采食2000克，完成了断奶后5天内实现"奶肠"转"料肠"的技术突破。

总结起来，"奶肠"到"料肠"转换对营养有特殊要求，即教槽营养的供应形式和方式应与"奶肠"到"料肠"转换需求的相匹配，二者的匹配程度决定了肠道能否健康且快速转换，进而决定了教槽料的商品价值。要做好教槽料，必须在全面系统掌握奶肠到料肠转换的生理规律基础上，梳理并践行正确的营养逻辑。为仔猪匹配最适的肠道转换营养，解决教槽断奶过程中的各种过渡难题，为养猪创造价值，打造价值型教槽料。

营养与生理之间的相互作用尽管复杂，但如果能抓住其中关键环节，并选用适宜的营养素进行正向或逆向调控，将对机体康复、营养效率提升、营养功能升级和产品竞争力增强带来意想不到的结果。

3.3　动物的营养喜恶逻辑

动物喜欢什么样的营养素和营养源？喜欢什么样的营养供应方式？不喜欢什么样的营养素和营养源？不喜欢什么样的营养供应方式？搞清楚这些问题对于指导做好饲料非常重要。

3.3.1　内有所缺，必外有所求

动物是否喜欢某种营养素或营养源，关键看体内是否缺乏。如果体内缺乏某种营养素，动物的采食就会表现出偏爱含有此种营养素的食物，相关的例子有很多，有些大家已经司空见惯，有些仍不得其中具体原因。

爱猫人士肯定知道猫咪爱吃猫草，但猫不是食肉动物吗？猫粮里的膨化原料不敢多用，否则的话猫都不吃，但为什么猫还喜欢吃草呢？猫草并不是指某一个品种的草类，而是指猫咪可以吃的草的统称，包括小麦苗、大麦苗、燕麦苗，甚至包括狗尾巴草，就连一些草坪上种的观赏草，只要猫咪可以吃，都可以被称为猫草。那么，猫咪们为何不顾自己食肉动物的身份而要吃草呢？首先，这与猫咪的饮食习惯有关。就像人类一样，吃惯了大鱼大肉之后，通常都会喜欢吃一些清淡的蔬菜水果来开开胃，帮助一下消化，猫咪也一样，在长期吃肉之后，有时也会需要吃一些猫草来辅助消化，清理一下肠道垃圾。猫草中含有粗纤维，可以促进肠蠕动，帮助排出宿便，刺激胃蠕动，帮助吐出毛球儿。其次，猫咪吃猫草时，会用两边牙齿来反复咀嚼，这样可以帮助猫咪来清洁口腔，减少牙结石。

猫不仅爱吃猫草，还爱吃老鼠。为何猫咪这么钟爱老鼠呢？根本原因在于猫需要获得一种自身难以完全供应的氨基酸——牛磺酸。长期缺乏牛磺酸摄入的猫会出现视网膜退化，视力衰退，甚至可能导致全盲；扩张性心肌症，心脏肌肉无法正常收缩，导致心脏衰竭；生殖功能衰竭，无法正常妊娠和分娩等。猫自身无法利用其他氨基酸，例如甲硫氨酸、半胱氨酸来合成所需的牛磺酸，只能通过食物来补充牛磺酸，而在猫所能够接触到的食物中，富含牛磺酸的食物有鱼、老鼠、鸟类、青蛙……正是由于老鼠与猫接触最多，我们才看到猫爱吃老鼠。猫的主要捕食对象都是富含牛磺酸的物种，但这并不意味着猫摄入的食物中含牛磺酸。

如果动物一反常态地采食不常吃的食物，它们可能是在自我治疗。遛狗时，你看到过狗吃草吗？狗如果吃草，说明可能肚子不舒服或者生了寄生虫，吃草能够帮助呕吐，减轻疼痛症状，促使寄生虫随粪便排出体外。其实，许多动物都能够利用食物来为自己制造药物，如鸟类、蜜蜂、蜥蜴、大象、黑猩猩等都拥有这样的生存技能。它们把食物吃下去来缓解症状，预防疾病，杀灭体内寄生虫、细菌及病毒或帮助消化，这就是动物的自我治疗行为。动物的自我治疗有一个专业术语——动物生药学，这其中到底有多少学问还不清楚，但许多动物都进化出了从食物中找到具有治疗作用成分的本能。在这方面黑猩猩的研究最为充分，很早以前人类学家观察到坦桑尼亚的黑猩猩食用某种不具备营养价值的植物叶子。黑猩猩将整张叶片囫囵吞下却不咀嚼，如果不咀嚼的话就算吃下去营养价值也很小，那么，黑猩猩们为何要这样做呢？后来的研究发现，一头因为体内长寄生虫而便秘的黑猩猩去吃一种平时不会去碰的有毒植物的叶子，到第二天这头黑猩猩的症状就完全消失了。这种用食物来治疗的方式在人类中也很普遍，例如中国数千年前就开始使用草药、矿石等给人治病。吃中药的时候有这样一个特别现象，正常人觉得很难闻、很难吃的药，病人却觉得很好吃，尤其是药物十分对症的情况下。平时我们自己也经常很想吃某种食物，多数时候不是怀念它的味道，但具体为什么想吃却不太清楚，只能说明是你的身体想让你吃。可见，当身体缺乏某种营养素和需要治疗的时候，就会对特定食物产生兴趣或减少排斥，这是动物自发的本能行为。

与其他动物一样，猪在体内缺乏某些营养素的时候，也会表现出极强的或异常的采食偏好，比如啃圈、食粪、饮尿、吃胎衣等。这些行为虽然常被称为异食癖，但多数情况实际上是体内缺乏某种营养造成的，如矿物质、微量元素、维生素和一些条件性必需营养等。初生仔猪会摄食母猪粪便，可能是为了摄取铁和快速建立正常肠道微生态。猪为什么还喜欢吃青绿饲料？其实，它们喜欢的不是里边的纤维，而可能是里面的维生素。由于猪自身能合成维生素C，正常情况下不会出现维生素C缺乏症。在猪料中很少有企业会额外添加，但是，在应激时，机体的合成能力可能降低或消耗量增大，就会出现维生素C缺乏现象。比如在炎热的夏季和猪体患病的时候，维生素C就是最好的保健品，可以减少热应激和疾病带来的危害。猪是否喜欢某种营养素或营养源，除了与体内是否缺乏决定外，还与这些营养是否参与到生长过程有关。比如，猪为何喜欢土腥味？因为土里常常藏有好吃的植物块根、昆虫和矿物质，猪鼻子就进化成具有拱土天赋的遗传特性，拱土觅食也就成为猪采食行为的一个突出特征。猪为何喜欢鲜味？因为自然界中的鲜味物质多为氨基酸，氨基酸就代表了丰富的优质蛋白质，是猪生长发育的常用营养。猪为何喜欢甜味？因为自然界中的甘甜味物质多为糖类，糖就代表了丰富的优质能量，也是猪生长发育的常用营养。

机体是否缺乏和需要是决定动物是否喜欢某种营养素或营养源的基本决定因素，因而，要想动物喜欢饲料，或对某家企业的产品情有独钟，营养在架构时就需要多提供一些可能会经常缺乏的营养。尤其是众多必需微营养和小分子营养，不要怕成本高，这些投入肯定是值得的，到时动物对产品的采食偏好会成为重要的竞争优势。

3.3.2　先天本能拒绝有害物质

动物先天本能地能找到对自己有益的食物，同样也会拒绝对自己有害的物质。曾经，笔者遇到过这样一件事，有一家饲料企业做的仔猪料，仔猪就是不吃，再饿都不吃。这家企业来咨询笔者，问这是为什么？笔者想，即使饲料做的再不好，原料质量再差，多少也会吃一点。想来想去，还是让他们回去好好核查一下生产过程。经过核查发现是把小料给加错了，导致成品料中的金霉素等严重过量，都能在料中明显看到有很多黑点。可见，猪是非常聪明的，能不能吃一试就知道。这个案例虽然是个极端案例，但也给予了我们很多的警醒。然而，很多企业还是会经常去糊弄猪，以为原料质量、配料精度稍微差一点也没关系，猪不是照样吃？殊不知，如果猪会说话，不知会对我们讲些什么。对动物有害的物质，从气味和口感上，一般都不会太好。从气味上看，腐败味、酸败味、刺激性气味、霉变味等，多数动物都不太喜欢。因为，腐败味和酸败味代表了食物的变质，刺激性气味造成无法呼吸，何谈采食。从口感上看，苦、涩、麻等口感，多数动物也不喜欢，因为，这些口感代表了食物中含有对机体有害的生物碱、毒素、抗营养因子、重金属、皂苷、鞣酸、酚类等。对有害食物的天然抗拒是动物天生的一种自我保护机制，即使有些营养源是有益的、无害的，但只要气味和口感不舒适，动物就不会主动或大量采食。对动物有害的东西，一般都是动物讨厌的东西。要想让动物对饲料不厌恶，也就是无厌感，就要尽量减少可能对动物产生危害的原料及物质的使用，并在生产过程中预防污染物的引入。

为了更好地保护自己、减少来自有毒食物的危害风险，动物进化出了恐新机制，即对不熟悉、首次接触的食物，表现出短期警惕性拒食。恐新现象在幼龄阶段比较明显，对于人类来说对未知表现出恐惧和谨慎是人类的本能，再加上小孩的味觉比成人敏感，便会更愿意反复吃熟悉的食物，而对第一次见到的会选择不吃、不尝试，进而出现偏食或挑食。而刚断奶的仔猪不是都会立即去采食教槽料，总有一部分表现的很迟疑，这也是为何要提前教槽，让仔猪提前熟悉饲料，才能在断奶后平稳上料的重要原因之一。更具体的恐新现象表现在仔猪的采食过程中，首次接触到教槽料时，仔猪会表现出迟疑，只是围着料盘转一转，发现没有危险后，才会去闻一闻、舔一舔，随后发现可以吃，并且很好吃，采食量才会进一步增大。恐新具有遗传性，要完全避免恐新很难，能做的就是通过技术手段来压缩恐新的持续时间，让动物能尽快适应。比如，通过母猪料的气味印记训练，让仔猪在子宫和哺乳时就开始熟悉饲料的味道，然后在教槽料中使用相同的气味标记，就可以减少恐新的发生。仔猪出生几小时就能辨别气味，出生后 12 小时内，就能建立对母猪粪便气味的偏好，3 天内就能固定乳头哺乳，可见仔猪的嗅觉也是相当敏锐的。通过母猪料做印记训练相对困难，更有效的方法还是让教槽料本身就具有仔猪天然本能就喜欢的味道，可以是妈妈的味道，如乳味、羊水味等，也可以是天然优质营养的特有芳香。对这些气味的亲切感都是深刻在基因里的，我们要做的就是把仔猪熟悉的气味给激发出来。

3.3.3　建立享乐型采食偏好

有些时候，采食不是为了填饱肚子，而是为了缓解压力、享受快乐。这种现象在人身上非常常见，在动物上还鲜有研究。让动物吃的多一点，长得快一点，是养殖的基本诉求。那么，在达到正常采食量的情况下，如何进一步提高采食量呢？享乐性贪食就是非常有用的机制，核心关键还是要让饲料能给动物带来采食愉悦感。享乐性贪食是指不为饥饿，而是为了愉悦感而进行过度摄食，这种消遣性的暴食行为可能发生在每个人身上，长期的享乐性贪食会造成人的肥胖，却会让动物在不知不觉中有更大的采食量。

研究发现，当在吃零食的时候，人的大脑奖赏系统的关键部位被强烈激活，并发出奖赏信号，激活享乐性奖赏回路与钝化饱腹感自我平衡回路。比如，拆开一袋瓜子，就会一口气吃光；一旦吃了一片薯片，就会控制不住地往嘴巴里塞第二片、第三片……实际上并不饿，只是纯粹地吃得停不下来。食物越美味，采食过程中的愉悦感越强，大脑分泌的多巴胺越多，大脑就会更加期待新的采食。此外，原本能够根据食物摄入量调节进食欲望的中枢饱腹感回路会变得不敏感，导致营养摄入超过实际需求。

为了更深入研究享乐性贪食，有团队设计了巧妙的实验。所有受试大鼠的"正餐"都是球状标准鼠粮，而零食方面，"薯片组"大鼠能尽情享用薯片，"标准组"大鼠则吃淡而无味的标准鼠粮粉末。随后，研究团队对受试大鼠的脑部活动进行了检测。检测结果表明，与标准组大鼠相比，吃薯片的大鼠大脑中，奖赏/成瘾中枢受到最强烈的激活，其他脑区也受到不同程度的刺激，与睡眠相关的脑部活动明显减弱，而与运动相关的脑部活动则增强了。在后续实验中，研究者还在大鼠的零食中增添了脂肪和糖的混合物。作为高热量的来源，脂肪和糖类会向大脑传递令人愉快的信息。不过，这些大鼠仍然对薯片更为渴望。与标准组大鼠相比，以脂肪和糖类混合物作为零食大鼠脑部活动也有显著差异，但程度没那么高，而且跟吃薯片所造成的差异并不可比。"薯片中的脂肪和糖类只能部分解释其对脑部活动及摄食行为的影响，薯片里头一定还有别的什么让它们如此有吸引力。"那么，为什么有些人不喜欢吃零食呢？"不同个体大脑的奖赏系统被激活的程度，也许会因为各人的口味偏好而有所差异，有时候来自食物的奖赏信号并没有强烈到能压倒个体的口味。"当然，一些人选择不吃那么多零食，也许只是因为有比别人更强的意志力[①]。

如果能找到零食中刺激奖赏中枢的触发因子，就可能通过在食物中添加相应物质。让来自饲料的奖赏信号强烈到能压倒个体的口味，让动物更有效地建立享乐型采食，来达成更加稳定的采食偏好和更高的采食量。

3.3.4　营养喜恶逻辑的应用

从做动物喜欢的饲料角度看，要想产品有良好的吸引力，在营养搭配上就要顺应动物的天性，多数动物的感官都是非常灵敏的，食物中是否含其需要的营养素，动物们一闻就知道。另外，还要根据动物的生理状态来为其供应最需要的营养才能建立起明显的采食偏好。以喜欢、不喜欢、需要、不需要为标准，可以将营养素和营养源分为四大类（图 3-7）："喜欢＋需要""喜欢＋不需要""不喜欢＋需要""不喜欢＋不需要"。将此分类原则用于指导原料使用意义巨大，喜欢＋需要的营养要尽力满足，"不喜欢＋需要"的营养可通过喜欢的营养进行处理变得喜欢，"不喜欢＋不需要"的营养坚决不能有。对多数营养源的喜好性评估，完全通过动物实验也不现实，最有效的是做饲料的人亲自鉴定，先过人这一关，才有可能过动物这一关。

以猪为例，猪"喜欢＋需要"的营养有：乳清蛋白、奶酪、乳糖、新鲜鱼肽、无抗原蛋白、新鲜脂肪、椰子油、牛磺酸、谷氨酸钠、甘氨酸、谷胱甘肽、kokumi、核苷酸（AMP、GMP、CMP、TMP、UMP、IMP 平衡）、干贝素、L-精氨酸、谷氨酰胺、L-抗坏血酸、乳酸、苹果酸、柠檬酸、甘草酸、高纯度螯合有机微量元素等。"喜欢＋不需要"的营养有：天然香料、等同天然香料、椰子醛、丙位辛内酯、乙基香兰素、乙基麦芽酚、丁酸乙酯、δ-癸内酯等食品用香料，诱食性精油、糖精钠、阿斯巴甜、三氯蔗糖、新甲基橙皮苷二氢查耳酮等。"不喜欢＋需要"的营养有：复合维生素、复合无机微量元素、甲酸钙、氯化钙、硫酸钙、甲酸、磷酸、苯甲酸、碳酸氢钠、部分植物精油、赖氨酸硫酸盐、半胱胺盐酸盐、亚硒酸钠、蛋白酶、单宁酸、腐植酸钠、石粉等。"不喜欢＋不需要"的物质有：

---

① 本段资料来源于：果壳网《为什么吃薯片让人停不下来？》

霉菌毒素、氧化脂肪、抗性蛋白、重金属、氨、胺、腐败气味、沙门氏菌、猪瘟病毒、农药残留、杀虫剂残留、灰尘、抗氧化剂、防霉剂、甲酸氨等。

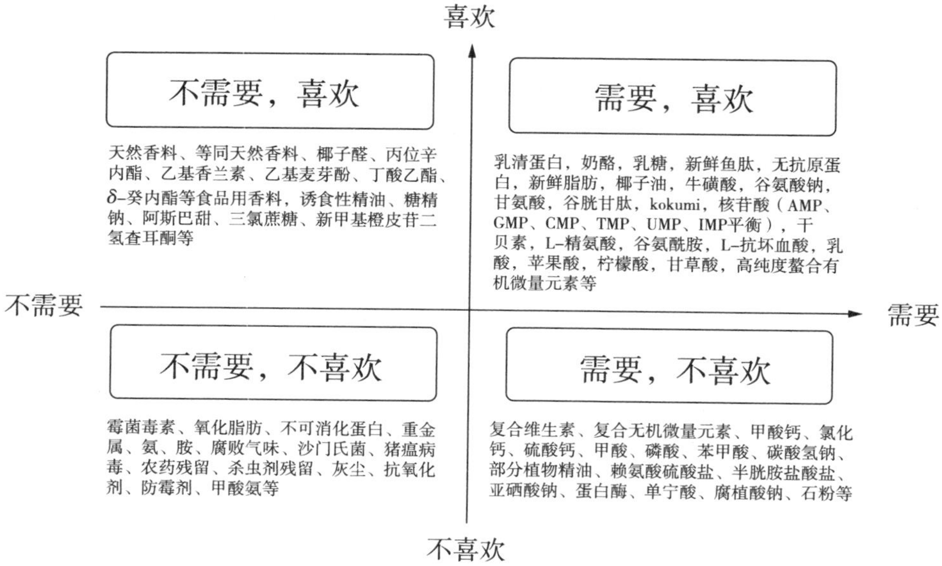

图 3-7　基于喜恶和需要性对营养源进行分类

动物"喜欢＋需要"的营养有一大类是特殊功能营养，如牛磺酸，味道是很舒适的酸味；苏氨酸，味微甜；核苷酸，味鲜，这些特殊功能营养，除了内在的营养价值外，同样也是塑造教槽料特别风味的关键。基于内有所缺，必外有所求的正向生理反馈，必需功能营养能产生愉悦性气味和口感，让动物喜欢吃、能多吃。动物不喜欢的物质一般会产生不良气味和口感，采用技术手段来掩蔽也无用。因为吃了之后，动物还会有负面的生理反应，进而会建立起食物气味与有害食物的联系，下次就不会再采食。另外，产生的不良气味也是无法完全掩蔽的，动物完全有能力分辨。

最后补充一点，营养的供应方式也影响动物是否喜欢饲料，比如用湿拌料和干料、粉粒结合料和颗粒料等不同形式饲喂断奶仔猪，从恐新缓解程度和采食量上都有很大差异，孰优孰劣还需根据具体的应用条件来定。综上所述，要想做出最令动物喜欢的饲料，只靠香、甜、鲜等诱食剂是远远不够的，还要从饲料本身的营养喜恶特性和适宜的供应方式上全面着手才行。

动物的营养喜恶逻辑是做好饲料必须遵守的基本营养逻辑之一，如果对此理解不深入，随意搭配原料和营养，必然会与动物的真实喜好产生大幅偏差，进而对产品效果和体验产生重大负面影响。基于营养喜恶逻辑，我们可以建立如图3-8的"三角"应用模型，来稳定和提高采食量。

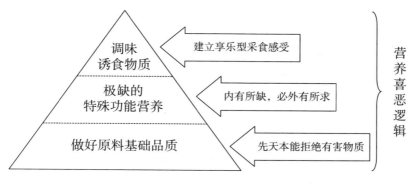

图 3-8　基于营养喜恶逻辑的"三角"应用模型

3.4　特殊功能营养集成逻辑

技术需要持续升级才能满足日益严苛的用户要求，那么，饲料营养技术创新的突破点在哪里呢？是设备，是配方，还是管控？

3.4.1　营养结果确定性亟须升级

不得不承认，饲料行业已进入了发展瓶颈期，不论是大企业还是小企业，都在寻求突破的秘诀。突破的关键一直掌握在养殖户手中，那就是他们对产品效果与价值的持续追求，只是大家都已经司空见惯，缺乏持续升级的意识。过去，多数企业对用户的本质需求不够重视；现在，在这个竞争激烈的市场中，为了获得养殖户更多的"投票"，需要企业重新回到经营的原点——创造价值，革旧立新，想方设法最大程度满足养殖户的核心需求。

不难发现，每到行业发展迟缓的时候，就是技术需要升级突破的时候，它的本质就是企业需要通过技术创新来提升产品效果和价值，进而提高客户价值和满意度。可见，技术的领先性才是真正能让企业在激烈的市场厮杀中不掉队的终极秘诀。技术升级的必要性和急迫性无须强调，现实是许多企业渴望技术升级，从原料、配方、工艺试了又试，产品效果虽能提升，但整体结果总是不尽人意。饲料技术升级突破的关键究竟在哪里呢？从营养的角度看，宏量营养，如玉米、豆粕、鱼粉、乳制品等，是能量来源和结构物质，研究应用已经搞得非常清楚，通过配方优化升级的空间十分有限。除此之外的微营养，由于种类繁多，很多都没有研究的十分清楚，在应用上多存在标准不清、剂量不准、处理不当等问题，致使应用结果常常不明确。然而，这些微营养多数都是具有特殊生理活性的功能营养，存在巨大的挖掘空间，与曾经的氨基酸、维生素、矿物质的创新应用一样。功能营养已然成为新时期，升级产品竞争力，做出差异化的必需原料！

同时，随着我国养猪品种大部分转成现代引进猪种，饲料产品结果表达和养猪绩效发挥面临的"五大拦路虎"愈发难以逾越，即猪的瘦肉生长变强、营养需要变高、消化系统变小、内脏器官变小、免疫系统弱化等品种特点，所导致的摄食力弱→采食量低、消化力弱→消化率低、吸收力弱→吸收率低、转化力弱→沉积率低、免疫力弱→健康度低等难题。加之近年来，作物育种也突飞猛进，伴随饲料原料中油脂、蛋白和淀粉含量的稳步增高，原料中的功能性物质却在逐步减少，如植物抗菌物质、动物保健物质、风味物质等。在猪种对功能营养的强烈需求和原料中本身所含的营养不能满足的双重压力下，做出结果稳定的产品的难度进一步加大。究竟如何应对呢？作为饲料企业只能通过更全面、更均衡的架构营养来解决，尤其是对各类具有特殊功能的营养素和营养源进行集成应用。

3.4.2　特殊功能营养释义

功能营养是以结果为导向，在提高动物健康水平、释放饲料潜能、改善饲料品质等功能特征方面，具有明确的、具体的、易验证、易量化的生理活性的、必需的、安全的、环保的、效果易表达的营养素。从饲料添加剂的分类角度看，功能营养是在矿物质、氨基酸、维生素等常规营养之外的功能性多肽、功能性小肽、功能性多糖、功能性氨基酸、功能性脂肪酸、功能性活性物、功能性微营养等。功能营养的应用一般具有以下特点：一种物质可以有多种功能，实现一种功能需要多种物质；达到一定阈值用量才有明显效果，即存在幂率效应；谷物原料中普遍缺乏，是营养底物或代谢中间产物，主要通过化工合成、动物制品、微生物制品获得；缺乏症主要表现为影响整体营养转化率、生产性能和经济效益；其功能不能被各类必需营养素所替代，对宏量营养从功能上具有补添作用。

特殊功能营养的特殊性体现在，此类功能营养是稀缺的、不常用的、难采购的，不宜品控的、难评估的、难检测的、易被忽视的、缺少应用标准的、难用准的、需要非常规应用的、不可直接应用的，是满足特殊猪群、特殊阶段和特殊生理状态的营养及功能需求的营养素或营养源（图 3-9）。特殊功能营养多是条件性必需营养，如在环境应激、亚健康、疾病等条件下，机体的代谢模式和营养分流会发生重大变化，所需要的营养素供应从比例和剂量上也需跟随调整，才能匹配非正常状态下的特殊需求。特殊功能营养需要特殊的供应形式，也就是不能直接使用，需要经过制剂化处理，为其创造更好地发挥生理功能的消化吸收条件，才能发挥最佳的作用。特殊功能营养需要特殊的应用模式，实现的营养功能需要协同配伍和集成应用，同时用量要充足，才能发挥最有竞争力的效果。

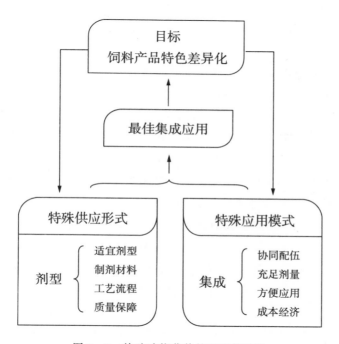

图 3-9　特殊功能营养的重要特殊性

对于企业来说，特殊功能营养是升级产品功能及价值，打造产品差异化的重要原料；对于技术来说，特殊功能营养是进行技术升级创新，支撑技术理念达成最有效的突破口；对于养猪业来说，特殊功能营养是进一步改善健康水平、提升营养效率、应用性价比良好的营养改良剂或健康促进剂。

3.4.3　特殊功能营养应用现状

目前，特殊功能营养在研究、生产、质量、销售、应用、效果以及价值认知上，都存在很多问题和不足之处。从研究上看，虽然对很多功能营养的研究已经深入到了生化、分子、基因层面，证明了功能有效性，但也仅是停留在实验室阶段。而到实际养殖中，多数结果却很难明显有效，真正如何能发挥出确定的效果，却很少有人有后续研究。从生产上看，多数功能营养都需要进行特殊处理才能更有效、更方便地使用，但现在行业内加工还不够精致，直接使用的比例依然很高，对饲料的适口性、吸收的平稳性、营养的均衡性等都造成了一定的负面影响。从质量上看，有些面临着质量评估标准模糊、检测方法缺乏、效果评判困难等问题，有些虽能从主成分含量上做出一定判断，但很多时候对于功能营养，主成分＋主含量≠结果（效果）。因为，其最大价值发挥往往需要佐剂和增效剂的作用，这些却是生产厂家的核心机密，不会对外公布，很难从主成分含量上做出准确的质量和效果评估。从销售上看，概念营销和客情营销占主流，夸大宣传，产品不透明，价格虚高，甚至"挂羊头卖狗肉"的现象屡见不鲜。曾经就有饲料添加剂行业大佬公开感叹，"添加剂应该是很高端的，现在却从'公主'变成了寻常百姓"，不由得让人倍感心酸。从应用上看，出现了两极分化，要么特别依赖，将其视为灵丹妙药，无时无刻不在寻找更先进的产品。要么特别怀疑，认为都是概念产品，能不用就不用。可见，在应用上也没有统一标准，有些企业能用好，有些就是用不好，进而从众式使用、象征性使用、安慰式使用的现象普遍存在。从效果上看，由于本身的工艺、质量问题以及饲料企业使用时的不适当组合、用量不足等问题，造成效果似有非有，不够明确，冗余使用，增加成本，匹配性差，相互减效。从价值认知上看，存在差不多思维，认为不同的功能产品差异不大，可以随意替换，刚开始感受不到饲料效果的变化，时间长了，替换多了，突然就会发现原来的销量不知怎么的就没有了。

正是由于上述种种问题的存在，致使很多饲料添加剂企业陷入了无解循环：销量低，高定价；高定价，用量低；用量低，无效果；无效果，不认可；不认可，销量低。如果饲料添加剂（功能营养）有存在的必要，那么，饲料行业就需要一家能够打破销量、价格、用量死循环，可以帮助饲料企业用好添加剂（功能营养）的企业。也正是基于行业对此的迫切需求，新逻辑营养建立以特殊功能营养制剂化集成应用为核心的教槽产品战略咨询技术体系，助力饲料企业做好用、好卖的教槽料。

3.4.4　什么是集成？

首先需要强调的是，集成并不是简单意义上的混合和同时使用，集成是通过科学工艺和有机组合，协调功能性养分而产生意想不到效果的过程。集成在日常生活中也很常见，比如汽车、电脑、手机等众多产品的生产，都是由集成商和零部件生产商各司其职来完成。零部件生产商只负责把零部件做到极致，集成商则要根据不同零件的特性和匹配程度进行合理的组合使用。饲料添加剂行业从结构上看与上述行业类似，单品添加剂企业已经将单一原料做好，现在就缺少专业的集成商能把这些优秀的添加剂给集成应用好。要做好集成，至少需要在以下方面下功夫，如图 3-10 所示。

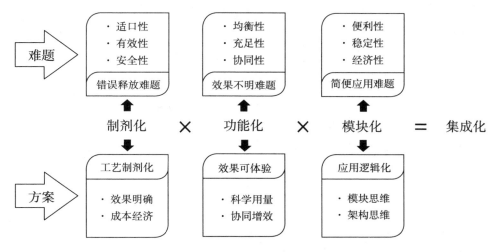

图 3-10 特殊功能营养集成的关键含义

1. 制剂化

基于营养的理化特性和必需的最佳消化生理条件，采用适宜的制剂工艺，如包被包埋、均质乳化、耐酸亲脂等，解决错误部位错误释放难题，改善适口性、有效性和安全性。

2. 功能化

单一营养素和营养源的功能效果有限，需要将具有相关功能的原料组合使用，达成协同增效，同时在营养均衡性和剂量有效性上充分考虑，解决功能不明、效果不稳定的难题，实现效果可体验、功效可评估。

3. 模块化

一个产品往往需要突出多项功能，而又不能将数百种营养直接堆砌。为了将复杂的问题简单化，需应用模块化架构思维，在制剂化和功能化的基础上，将具有功能协同性和生产匹配性的营养素和营养源组成模块，便于生产和使用，解决正确应用和方便使用难题。

凭借对集成的深度理解以及十多年的制剂化饲料添加剂生产经历，新逻辑营养聚焦为饲料企业做出"算力"强大的特殊功能营养集成"芯片"，现已开发生产了多款应用于高端教槽料的功能芯片。新逻辑营养制剂型集成特殊功能营养是实现明确功能和效果表达的制剂化协同集成营养，以实现饲料产品确定成果表达为目标，采用适宜的制剂工艺对多种功能营养进行处理，使各组分间具有良好的协同性，并能在适宜的生理条件下发挥作用。同时，结合动物的健康生长发育需求，制订最佳的集成应用方案，让饲料出特色，达成确定的产品竞争力。

3.4.5　特殊功能营养为什么需要集成？

从趋势上看，集成化是行业发展的必然结果，与多维、多矿一样，功能营养也会逐步走向由专业集成来生产，以满足使用更便捷、匹配更协调、功能更明确的强大需求。从营养有效性上看，使用单一营养素或营养源很难解决问题，因为条件性，即每种营养/添加剂发挥作用都需要适宜的消化及生理条件；匹配性，即营养之间有协同和拮抗，需要相互匹配才能发挥最佳作用；灵活性，即营养标准不标准，仅是参考，经常需要根据经验和使用条件来调整；问题复杂性，即提高适口性、改善消化性、控制腹泻、促进健康、环保低排、实现最佳效益，每一个问题的产生，都不是单一因素引起。因而，每个问题也不可能只采用一种方法或营养素能完美解决，为了有效解决养殖难题，必须协同使用多种功能营养。

然而，现实是为什么使用了最好的甜味剂、鲜味剂、香味剂，采食量还是做不好？为什么使用了最好的酶制剂，消化性还是做不好？为什么使用了最好的氧化锌、酸化剂、植物精油，腹泻还是控制不住？为什么使用了最好的有机铁，仔猪还是贫血？为什么使用了最好的胍基乙酸、肌酸、支链氨基酸，促生长效果还是不行？……可见，不遵循营养的互作逻辑，将饲料添加剂自由组合使用，并不能增效，甚至会减效。饲料添加剂品种目录里的上百种功能营养，肯定是有效的，这点毋庸置疑，现在亟须的就是要协同使用，才能发挥最大的价值。对于饲料企业来说，如何实现原料间的最佳组合是最令人头疼的一件事。市场上同类原料这么多，如何选，如何用？如何让相互间的"负作用"最小，甚至有"正作用"？想想都困难！"王婆卖瓜，自卖自夸"，原料厂家都说自家原料品质好，效果好。殊不知，他们只对自己的原料特性很了解，却对其他原料一窍不通，这怎么能让人相信，用了他家的原料和推荐方案就能做出好产品？

另外，在饲料生产过程中，由于使用非制剂化单品简单混合，问题也很多，尤其是预混料和各类半成品的变色、结块、胀气、吸潮等问题严重。在营养配方师的选择应用层面，由于种类繁多、难评估，厂家推荐的或自己制定的用法用量不合理，导致使用效果模糊或成本不经济，造成业内普遍认为功能营养作用不明显、性价比不高，最终导致添加剂使用做减法，严重阻碍行业发展。

从企业价值创造和养殖需求的角度看，猪场仓库里不需要再多一包平庸的饲料！如何才能让产品再上一个档次？只在营养水平上提高，还是老思路老做法，大家也都经常这么做，并没有从本质上得到改善。未来，产品绩效升级的技术突破点就在特殊功能营养的集成应用上，只有在新的营养素和营养源应用上做出创新，产品的差异化、理念支撑、绩效表达才能从根本上改进。

专业集成需要为结果负责，也敢为结果负责。以确定结果为导向的特殊功能营养集成，可以避免冗余使用，做最优性价比，避免简单组合绩效非加性（10×10％＜100％绩效提升），敢对比，敢体验，敢称猪。新逻辑营养做的就是这样一件为结果确定的事情，凭借十多年饲料添加剂评估与应用的经验，专注做技术工艺领先的特殊功能营养集成。有能力帮助用户省去评估与使用麻烦，把复杂留给自己，将简单献给用户，效果明确可评估，无须夸大。

3.4.6 特殊功能营养如何集成？

做饲料其实也是个技术集成的过程，需要通过集成优质的原料、极致的工艺、科学的配方、高效的功能营养以及精细的品控管理，才能最终做出养殖效果良好的产品。与做饲料类似，特殊功能营养集成也要经过对原料的效能评估、安全评估，然后选择适宜的制剂工艺进行处理，接着依照科学的架构进行模块化和模块组装，既要让各部分的内部结构更合理，又要让各部分间能相互协调，进而对整体功能效果表达起到支撑和强化作用，实现原料、工艺、品控、配方、技术间的最佳组合。新逻辑营养在功能营养的研究与应用方面积累了丰富的经验，尤其在功能营养的改性处理与创新集成方面一直走在行业的前列，独创性地采用固体分散、分子修饰、微囊包被、多盐缓冲等工艺技术，实现了功能营养的高效性，并在此基础上集成开发出了多项功能营养调控技术。更为详细的集成过程包括以下几个方面（图 3-11）。

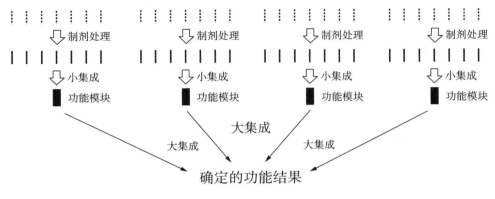

图 3-11 特殊功能营养集成的主要流程

1. 效能评估

特殊功能营养是决定饲料产品效果与价值的重要组分，为满足动物各阶段的多样化营养需求，以交付确定性结果表达为目标，需从理论可行、可检测性、生理阈值、饲喂实验等方面，严格筛选在提高采食量、提高消化率、提高吸收率、促进养分沉积、增强机体免疫力等方面具有良好效能的功能营养素或营养源。

与评估功能营养成品一样，不能只从成分含量上预测效果，很多时候功能原料的含量≠结果，主成分＋主含量≠结果。例如，粗蛋白含量相同的功能蛋白源和豆粕的营养价值和饲喂表现必定不同；活菌数相同的不同菌株的微生态制剂的肠道健康保护能力也不同，酶活相同的不同微生物来源的蛋白酶的助消化能力更不同……为了获得效能更高的功能原料，新逻辑营养与上游供应商紧密合作，通过跨界采购、技术支持、联合创新、定制代工等方式，对原料的生产质量和营养效价进行深度把控和提升。比如，为了获得效能更优的氧化锌、微生态、酶制剂等，新逻辑营养就与上游供应商约定生产工艺和参数，进行专门定制，才能最终确保获得最有竞争力的原料。

2. 安全评估

在监管日趋严格的当下，功能营养的安全评估，需要重点强调的是所选择的原料必须在《饲料原料目标》和《饲料添加剂品种目录》之中，不在其中的坚决不能用。在《饲料添加剂安全使用规范》的指导下，功能营养的安全性评估需要对营养素的卫生指标、质量稳定性、协同拮抗关系、潜在化学反应等进行全面评估，并在此基础上筛选兼具效能和安全的功能营养素。

集成是一个协同系统，每增加一种原料，都会对整个系统带来影响，有正面的，也有负面的。做安全评估的很大一块工作，就是从生产可控性、营养均衡性、效果稳定性等多维度评估可能出现的不良结果风险，并基于风险产生原因，采用最有效的应对防范措施。例如，使用功能小肽易吸潮，使用丁酸钠会影响适口性，使用酸化剂会破坏氧化锌……为规避上述不良影响，就需要适当的制剂处理，达成整体协同性提升。

3. 剂型筛选

对功能营养做制剂处理就是要解决以下难题：97％糖精钠使劲用，却没有很好的采食量；97％丁酸钠使劲用，不能有效减少后肠炎症；92％甘氨酸亚铁使劲用，补铁补血效果不理想；98％胍基乙酸使劲用，促生长效果不明显；95％氧化锌的效果不一定好；40％磷酸＋30％乳酸＋10％甲酸配比很合适，效果却一般……由此可见，只看主成分含量，而不重视工艺的作用，并不能全面评价功能营养产品的真实效果。

针对每种营养素的特性，依据其发挥作用的最佳消化生理和生化条件，筛选和制订适宜的制剂化处理方案，才能保证营养素的功能性物理性状和稳定的化学结构。让其在最佳的部位，以适宜的速度释放，才能实现最大化的营养价值，因而，对每种营养素或营养源所必需的最佳条件的掌握就十分重要。例如，各类调味剂需要在口腔内快速释放，才能迅速产生味觉感知；消化酸需要在胃内释放，才能激活胃蛋白酶原，不能在口腔内释放，才能避免影响适口性；植物精油需要在后肠释放，才能起到最大的抑菌作用，不能在口腔内释放，才能避免影响适口性；功能氨基酸和小肽，需要在小肠内缓释，才能平衡总体蛋白消化吸收过程，转化沉积率才更高……

可选的制剂工艺很多，究竟选哪一种更适合，则需要结合原料的理化性质，如含量、熔点、闪点、耐温性、耐湿性、溶解性、吸潮性、光敏性、挥发性、氧化性、还原性、酸碱性、腐蚀性、刺激性、特殊异味等以及要解决的问题。如原料直接使用，会在哪个部位释放，而我们想让它在消化道哪个部位定向释放。饲料加工过程的温度、压力、蒸汽、搅拌会造成损失，而我们需要仓储稳定性高、加工存留率高、粒度大小合适、主成分含量适当。减少与其他原料的化学反应……基于对上述问题的细致分析，就能为每种功能营养素匹配最适宜的制剂工艺以及工艺参数。

相同的原料，相同的指标，养殖结果却差异很大，如果标签标示值等于效果，那么所有产品都将同质化，之所以结果会有不同，制剂处理的佐剂、增效剂和处理材料与主成分的协同增效作用不能忽视。处理材料选择是制剂工艺的难点，也是制剂技术的核心。基于剂型符合性，要实现隔离、承载、吸附、分散、包覆、包埋等处理效果以及对成品的流动性、水溶性、耐酸性、缓释性、稳定性等的需求，还有对成本经济性、营养效价提升程度、备选材料比价、生产过程复杂性等方面的要求，选择熔燃点、水溶性、脂溶性、乳化性、黏结性、吸附性、多孔性、吸湿性、pH 响应、比表面积、带电特性、化学惰性、配位特性、粉碎特性、生物相容性和营养价值等适宜的处理材料，才有可能做出极致的制剂化功能营养。

4. 制剂处理

功能营养制剂处理是借鉴和沿用药物制剂学的相关理论和概念而成，是根据制剂理论和制剂技术，设计和制备安全、有效、稳定的营养制剂的过程。在营养领域，常用的制剂工艺有分子修饰、耐酸亲脂、均质乳化、固体分散、冷包造粒、微囊微丸、后肠控释、多盐缓冲、固相螯合等，它们的重要作用是保护和改善功能营养的理化状态，如流散性、挥发性、溶解性、耐酸碱、耐潮解、耐高温、亲脂性、抗氧化、抗还原等（图 3-12）。保护和改善功能营养的生理活性，如控制释放部位和释放速度，平缓血液浓度，减轻代谢压力，减少养分间的拮抗，促进养分间的协同，提高生物利用度和安全性等。下面列举几个新逻辑营养使用的功能营养制剂处理案例：

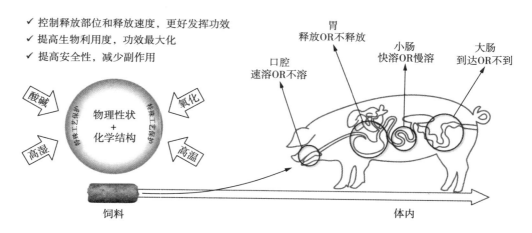

图 3-12　特殊功能营养制剂处理的价值

改性修饰工艺，设备为改性修饰捏合反应釜。用于氧化锌-丁酸钠改性修饰，赋予氧化锌-丁酸钠耐酸亲脂性能，让其耐酸过胃，肠道内均匀分散，直达水盐代谢的核心部位——结肠，止泻收敛，保护肠胃黏膜。也可用于有机微量元素的多配体螯合及改性修饰，制备功能蛋白、功能小肽、功能氨基酸、功能寡糖等类型的有机蟹型微量元素。

微丸制粒工艺的设备为微丸制粒包衣机。针对易溶、易吸收，需缓释以平稳血液浓度，提高生物利用度的功能营养，如谷氨酰胺、胍基乙酸等；易氧化、易还原、易吸潮的功能营养，如胍基乙酸、牛磺酸、谷胱甘肽、维生素 C、碘酸钙、碘化钾等；针对不耐酸，需要过胃缓释的酶制剂，如淀粉酶、蛋白酶、NSP 酶等；针对需要到达肠道后端，定时、定点、定量释放的功能营养，如氧化锌、丁酸钠、整肠酸、植物精油、单宁酸等；针对需要长效吸收的功能营养，如卟啉铁、小肽铁、蛋白铁等。

包被工艺的设备为双层高速包衣机。用于改善适口性、改变表面活性、保护稳定等，如掩蔽甲酸钙、单宁酸、无机微量元素、植物精油等的不良口味，实现半胱胺、丁酸钠、有机酸、植物精油等的肠道缓释控释，保护酶、卵黄抗体、生物活性肽等在胃内不被变性和降解，规避酸性与碱性、还原与氧化物质间的配伍禁忌。

固体分散工艺的设备为高速高压均质分散机。主要针对调味剂、诱食剂等的精细处理，如甜源（糖精钠、纽甜、三氯蔗糖等），鲜源（谷氨酸钠、核苷酸、天冬氨酸等），咸源（氯化钙、氯化钾等），酸源（枸橼酸、山梨酸等），呈味香料（香兰素、乙基麦芽酚、椰子醛等）的均质分散，让每克呈味微粒的种类、数量均匀一致，让饲料实现味觉的快速感知、快速呈现，让猪在愉悦体验美味享受过程中提高采食量。一般情况下，粒径 30～60 目的调味剂，每克有 3 万～5 万微粒，粒径 200～300 目以上，每克 500～800 万微粒，通过固体分散处理，可以让调味剂的粒度更小，在饲料中分散性更好，让每一粒饲料都有均匀的味觉呈现。

正是有了这些特殊制剂工艺的极致应用，才最终确保了功能营养价值的最大化发挥，才能让我们在做集成应用时可以得心应手，不必过多担心原料间的化学反应、吸收代谢拮抗、质量不稳等难题。

5. 架构组方

为什么使用了最好的甜味剂、香味剂，适口性还是做不好？可能是因为还在使用其他苦涩味原料、刺激性酸化剂、过量无机微量元素等；为什么使用了最好的酶制剂，消化性还是做不好？可能是因为酶与底物不匹配、酶解最佳条件不匹配、粉碎细度不够；为什么使用了最好的酸化剂，腹泻还是控制不住？可能是因为石粉、普通氧化锌、小苏打的使用中和了酸；为什么使用了最好的有机铁，动物还贫血？可能是因为劣质抗氧化剂、过量磷酸氢钙、氧化锌的使用；……为什么使用了所有最好的原料，仍然做不出最好的产品呢？因为，所谓的最好原料是在其单独存在时，评价其性能获得的结论，并没有考虑它对其他原料产生的拮抗或协同作用。

可见，做饲料并不是混合那么简单，如果饲料是简单地混合就能做好该多好，也就不需要大家整日费尽心思琢磨怎样把产品升级了。正因如此，才有了"会买的是徒弟，会用的是师傅"这句名言。好原料谁都会买，能不能用好就得凭真本事了。饲料产品作为一个有机整体，必定涉及各组分间的相互作用，如果忽视组分原料对整体性能发挥所产生的影响，就不能很好地处理组分间发生的"摩擦"，必定也不能实现整体的最佳性能，那么使用"好原料"也就失去了意义。营养间的协同案例很多，在营养的互作逻辑章节里已经列举了许多例子，此处不再赘述。因而，对于功能营养不能从孤立的视角来评价，应该用系统的眼光来评估它们的"好坏"，并能通过制剂处理，规避其劣势，发挥其优势。就如同我们组装电脑，不能只关注单一部件的性能，而要关注每个部件会对整体性能产生的影响，以及部件间的电压、频率和编码方式间的匹配性，最终达成全局最优。

所谓架构组方就是采用逻辑架构的思维方式，以交付确定性结果为目标，全面考虑，循证决策，将具有相似、相关功能作用的营养素或营养源进行长板集成，实现营养素之间良好的协同，以协同效力激发营养的最大价值。在做功能营养集成架构的时候，必须遵循足质、足量的原则，以可能的养殖条件、预期的动物健康状况和目标绩效为基准，以有效阈值和最大用量为约束，以实现营养投入的边际效益最大化和饲料产品功能化、特色化、稳定化为目标，权衡最低效果量、最适需要量、最佳效果量、最优经济量，才能用出应有的结果。除了每种营养素的用量要合适，功能营养间的相互比例也很重要，比如，有机微量元素间的比例，功能氨基酸间的比例，各种酶之间的比例，肠道酸与抑菌酸之间的比例……功能营养间的最佳比例也需基于营养的互作逻辑来制订。做功能营养架构，种类充足是基础，用量到位是保障，比例均衡是关键。

6. 功能集成

功能营养的功能集成是指基于要实现的绩效目标和需要解决的问题，在制剂化单体原料性能提升的基础上，将功能营养的生产和应用方式模块化，接着采用模块化优化集成，产生"整体大于部分之和"的效果，进一步提升产品的整体性能的技术。事物的内部结构是否合理、各部分间是否相互协调，对整体功能的发挥起着决定性作用。这就跟团队建设一样，团队各成员间相互融洽、内耗小，就会产生"整体大于部分之和"的战斗力；否则，团队能力就会小于单兵能力之和，甚至出现负值。用更简单的话说就是，所谓最佳整体就是个体的最佳组合。总结起来，模块集成的核心就是成果导向，组装优化，协同增效。

功能营养的模块化集成可分为小集成和大集成。一般是由以下一种或两种以上功能模块组成，采食模块：减少恐新、低厌恶感、内源调控；消化模块：舒解舒化、平衡营养、缓释营养；肠道模块：营养肠道、后肠洁净、渗透平衡；免疫模块：免疫营养、抗病营养、修复营养；长肉模块：肌肉营养、调控营养、沉积营养。

进行功能模块集成的最大优势就是功能营养应用的规范性和灵活性都大幅增加，可以很好地根据饲料配方、动物生理特点、生长绩效和养殖环境条件要求。对功能营养进行有针对性的模块化组合应用，从饲料安全性、营养均衡性、机体健康性上，整体提升饲料绩效。采用模块化可以简化对数百种功能营养的集成生产过程，通过先做成标准化功能模块，然后再根据功能需求排序，哪里薄弱，就可以强化哪里，进而可为饲料企业提供最佳的个性化应用方案。如最佳提升采食应用方案、最佳提升消化应用方案、最佳提升免疫应用方案、最佳肠道健康应用方案及其组合方案等。功能营养模块化集成方案是未来最具优势的功能营养应用方案，可依据饲料企业的原料条件、加工水平及市场的需求状况，结合动物品种及养殖条件确定所需的最佳架构，制订更合理、更经济的应用方案，不仅能让饲料产品具有更好的效果展示，还能具有较好的价格优势，同时让养殖户获得最佳的养殖绩效。

3.4.7　特殊功能营养集成的价值

新逻辑营养所开发的集成特殊功能营养必定有以下价值：配伍更合理、剂型更有效、用量更充足、使用更方便、效果更突出、成本更经济。集成特殊功能营养完全规避了现阶段行业中常遇到的评估手段模糊、预混合问题多、成分含量不清晰、互补性差、使用量不合理、效果不明显、成本不经济、概念性营销等用不好、用不对、用不精的问题。

以协同效力为目标的集成，解决的核心问题就是多数营养素协同性差。四川农业大学吴德教授曾讲过，协同营养是指饲粮的营养素、营养源及营养活性物质相互配合，共同增效，满足动物最优生产性能和机体健康的集成营养。协同营养间有以下相互作用：营养素及其相互关系，营养源及其相互关系，营养素与营养源相互关系，营养素、营养源与营养活性物的相互关系。协同作用的原理是最佳营养方法的基本，可以通过摄入恰当的食物、低剂量摄入恰当的营养素组合，来获得比从前摄入大量营养素补充剂更好的效果，这就是营养素协同作用的威力，这也是特殊功能营养集成的最大价值。

另外，新逻辑营养特殊功能营养集成，采用最适制剂工艺解决错误部位错误释放的问题，将简单混合条件下的无效营养转变为确定功能的制剂；通过科学架构，避免冗余应用和拮抗减效，充足用量，确保效果表达；采用低利模式，降低总体成本，让企业可以用得起、用得到更多特殊功能营养。新逻辑营养一直坚持"多制剂大集成，好逻辑大功能"的理念做特殊功能营养，做到功能明确、效果突出、特色明显，为客户持续交付确定性结果。

基于特殊功能营养集成逻辑的系统认知和应用，针对养殖常见难题，如采食量低、上料慢、恐新多、长速慢、断奶掉膘、活力差、腹泻多、料肉比差、外观差、体型差、健仔数低等，可以有针对性地开发多种特殊功能技术。如舒解技术、印记技术、激活技术、屏障技术、破壁技术、大采食技术、抗应激技术、抗氧化技术、抗过敏技术、抗病脱僵技术、损伤修复技术、后肠洁净技术、即时能源技术、最优消化技术等。有了这些可以真正解决问题的功能技术，再加上原料、工艺、品控、配方等方面协同，做稳定、做特色、做价值将不再是难事。

3.4.8　特殊功能营养集成的发展趋势

饲料其实就是由诸多原料组成的复合产品，对于其中属性、功能相似的原料，可以将其组合起来，通过一定的工艺处理，使其不与其他组分发生不必要的"负作用"，进而更好地发挥应有的营养作用。例如，过去都想去自配现在却十分常用的复合维生素、复合微量元素、复合诱食剂等。其实，这样做的目的都是为了实现原料的协同，让饲料产品的整体性能能够实现最佳效果。可以预计，未来饲料企业采购的添加剂种类会逐渐减少，最终会少到什么程度呢？根据国外饲料业发展经验，可以断定，未来饲料企业采购的原料除了各种大料以外，最多就剩几种预混剂，上述预混剂必定是由更专业的预混剂公司生产，专供饲料企业使用。

　　如果我国的饲料产业结构能发展到与国外相近的程度，到那时，我国的饲料业就真正进入了模块化时代，饲料企业比拼的不再是产品价格，而是自身的架构设计和长板集成能力，就像"苹果公司"一样，不生产一个元件，却能做出最好的手机。在模块化集成时代，饲料企业只需将自己的最佳设计方案告知上游供应商，供应商根据相应的"参数"来生产模块原料。例如，现在很多大企业就去专门订制水分含量、熟化度不同的膨化原料，然后，由饲料企业将不同的模块原料组装起来，这样不仅能降低生产、采购、研发成本，还能做到技术保密，规避竞争。说白了，就是专业的人干专业的事，从更宏观的角度来看，这也是饲料产业中各组织为实现效率最大化和互利共赢，经不断演进实现的产业链协同（图 3－13）。

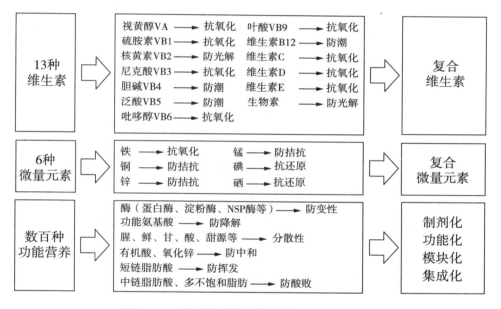

图 3－13　集成是特殊功能营养应用的必然结果

　　从更大范围来看，为实现饲料产业的内部协同，不仅需要单体原料性能提升和模块（复合）原料性能提升，还需要相应的组织结构关系变化来适应新型的生产方式。由于原料的模块化，代表了技术的模块化，所有的模块化技术由专业的公司或机构来做。因而，对于专业技术提供方的要求会更高，相应的技术服务要求也更苛刻，当然，技术效果也会更好。当我们自己无法实现全面技术协同集成的时候，是否可以换种方式来思考呢？不要为了喝奶，自己去养奶牛，把自己当成饲料生态系统的一个模块，这时我们该如何去做呢？

饲料看似简单实则复杂，虽仅由二三十种原料和产品构成，但深入细分却有成千上万种营养素需要系统决策，其中各组分在动物体内外的相互作用关系更是错综复杂。就功能营养而言，需要根据不同阶段的生长发育规律和营养需求特点，以及各阶段饲料配方的原料及配比差异，针对性集成应用，才能有效均衡饲料营养、充分保障动物健康、显著释放饲料潜能，实现"四两拨千斤"的作用（图 3-14）。

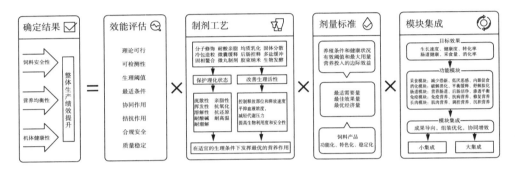

图 3-14　特殊功能营养集成逻辑

3.5　营养架构逻辑

不同动物在不同阶段对主要营养素的需求水平研究和应用都已相当充分。然而，营养水平高低只是反映架构有效性的一个方面，而不是全部，在辅导近千家饲料企业做好教槽营养架构的过程中，就营养逻辑发现了不少比单纯强调营养水平更有用的营养架构逻辑。

3.5.1　营养来源比营养水平更重要

畜禽为什么每天都要采食，而且还要吃多种食物呢？那是因为动物体需要多种营养素，并且每种食物中所含的主要营养素各不相同，因而需要从不同的食物中摄取才能满足机体需要。一般来讲，动物生长、发育、生殖和维持健康的必需营养素有七大类，分别是水、蛋白质、脂肪、碳水化合物、维生素、矿物质和膳食纤维。对于每一大类，能提供相同营养素的营养源都有很多，如蛋白质来源有大豆粕、鱼粉、乳蛋白、谷朊粉、玉米蛋白粉、棉籽蛋白等，脂肪来源有豆油、鱼油、椰子油、菜籽油、动物油等，碳水化合物来源有玉米（胶质和粉质差异）、面粉、碎米、次粉、葡萄糖、蔗糖、乳糖等。每种营养素的来源都有这么多，为了做好教槽料该如何来选呢？又有哪些选择依据呢？最常用的方法就是根据营养源中的营养素含量和营养比价来选择，比如要获得等量的蛋白，选择豆粕和鱼粉，哪个更划算；要获得等价能量（消化能、净能），选择玉米和小麦，哪个更划算。

　　其实，营养源选择并非如此简单。能否使用某个营养源，除了要含有足够的目标营养素和满足成本要求外，在营养素的消化率、采购便利性、品质稳定性等方面都应考虑。例如，用乳制品和鱼粉生产教槽料是否符合国情？是否成本经济？是否供应稳定？更为重要的是，选用营养源不能仅盯着目标营养素是否满足需要，还要关注这一营养源的外部性。所谓营养源的外部性，又称为溢出效应、外部影响、外部效应，是指选用某一营养源后对其他已用营养源、整体配方、产品和动物所带来的受损或受益的影响，外部性分为正外部性和负外部性。正外部性是指选用某一营养源后对其他已用营养源、整体配方、产品和动物带来受益，负外部性是指选用某一营养源后对其他已用营养源、整体配方、产品和动物带来受损。比如，喝自来水、矿泉水、纯净水、碱性水、富氢水等都可以满足人体对水的需求，但这些不同水源的外部性是否一样呢？肯定是不一样的，自来水含有消毒剂，矿泉水的矿物质成分复杂不好说，纯净水过于纯净，碱性水的口感不太好，富氢水含有对人体有益的氢。具体哪种水更有益，不做过多评价，这里想告诉大家的就是，在关注目标营养素的时候，还要密切评估营养源中的其他物质的影响。例如，赖氨酸硫酸盐中的硫酸根对腹泻和皮毛的影响，发酵豆粕中的有机酸、氨等对采食和健康的影响，变质玉米中霉菌毒素对机体的毒害等。

　　营养源优选是做好教槽料的关键环节，选用与乳仔猪生理特性相匹配的高消化率、高吸收率、高利用率、低抗原、富含特殊功能营养的营养源是生产高价值产品的基础。营养来源比营养水平更重要，重视营养素的来源是做出高品质教槽料的前提。如果只看营养水平就能评价产品优劣，那么市场上将全都是高营养指标的好产品。如果只需要盯着营养指标计算配方，而不考虑营养源的外部性，那么行业内这么多营养配方师也就没有存在的必要了，至少作者就知道很多饲料企业老板自己就会改配方。营养源之间的差异是客观存在的，能否最大程度地用好每种原料是对营养技术、工艺技术的重大挑战。如果没有把握用好一些非常规原料，建议还是老老实实潜心开发成熟稳定营养源的潜在价值才是最好的选择。

3.5.2　营养供应形式比营养水平更重要

相同营养素的来源存在差异，相同营养源的存在形式也存在差异，这些都会影响最终的消化、吸收和转化。饲料原料的供应形式的差别可从粒度、分子量、熟化度、乳化处理、制剂处理等方面进行评价。如果在做配方架构的时候，只考虑营养指标的要求，而不统筹考虑营养源改造所带来的存在形式不同对营养效率和功能的影响，将对产品的最终效果及经济性改善产生重大制约。比如，教槽料要求豆粕的粉碎粒度要低一些，至少要用孔径 1.0 毫米的筛片粉碎，粒度达到 60% 过 60 目，才能有较好的消化率；同样是发酵豆粕，只发酵不酶解和发酵酶解的蛋白分子量不同，里边的抗原活性、抗营养因子活性和消化率也不同；生玉米、膨胀玉米和膨化玉米的糊化度不同，对采食量和采食后感受的影响不同；乳化和非乳化豆油的喷涂分散性和消化吸收性也不同；原粉氧化锌和耐酸亲脂氧化锌的耐酸能力和肠内分散能力差别很大，对于控腹泻效果和生长健康的抑制作用差别很大。对乳仔猪来说，每一种营养源都有一种更适合其生理特点和适应能力的供应形式，在技术条件和成本允许的情况下，营养配方师应选择最适宜的营养源形式来保障动物的最佳健康度和生长绩效的最大发挥。

除了营养源的供应形式对营养价值有影响，在教槽料的饲喂环节，不同的营养供应方式对采食量和消化率也有影响。在自由采食和定时分顿饲喂的营养供应方式下，自由采食的积极性没有分顿饲喂强烈，采食量也相对略低，加之一次性大量加料于料盘内，致使饲料被污染和酸败的风险增加，也会影响采食。另外，采用干喂和湿喂的最终干物质采食量及消化率也有不同，干喂虽然方便，但粉尘多，一方面造成饲料浪费，另一方面可能诱发呼吸道疾病；湿喂操作相对麻烦，应用问题也不少，如果夏季饲喂量过大，剩料易发酵霉变。尽管湿喂存在问题，但也有不少优点，如采食量会更大，消化率更高，还可减少粉尘、浪费和呼吸道疾病。针对使用自动饲喂料线的规模猪场，不能用粉和粉粒结合料，要用颗粒教槽料，并且需要硬颗粒，否则容易堵塞管道，但颗粒过硬会给牙齿还未发育完好的断奶仔猪的采食造成困扰。可见，营养供应的形式和方式会对营养源、营养素和整体产品结果产生重要影响，仅仅通过营养水平指标并不能全面衡量营养的价值。

3.5.3 营养消化性比营养水平更重要

营养水平高低只能代表最多会有多少营养能被吸收利用，而不代表实际的利用程度。目前，国内乳仔猪料主要为玉米豆粕型日粮，其中大分子淀粉、大分子蛋白、大颗粒脂肪、非淀粉多糖、高碱储、高致敏等不能被正在生长和发育的仔猪肠道所适应和消化。高消化、高利用率的原料通常价格昂贵，鉴于常规市场竞争以价格战而非价值战为主体，必然限制了这些高价值原料在仔猪料中的大量应用。退而求其次，如何用常规原料配制出高质量的乳仔猪料就成为我们努力的方向和目标。大家在设计乳仔猪日粮时，常常很关注营养水平的设置，以高能量、高蛋白、高氨基酸来标榜产品优秀，殊不知过高的营养水平反而增加了肠道消化吸收的困难，往往会造成营养性腹泻。实践反复证明，消化率才是设计乳仔猪日粮的出发点，如果没有对原料的消化率进行详细评估，并从消化率角度制定营养标准和优选原料，必然难以生产出优质高效的乳仔猪料。

在所有必需营养素中，蛋白消化率是乳仔猪营养的最大限制性因子。乳仔猪对蛋白质的消化率受到日龄和原料组成的影响，例如，在不同日龄阶段（24，32和39日龄），日龄和饲料原料之间存在互作，豆粕的蛋白消化率在39天比24天提高了15%，而乳蛋白都可以在三个日龄阶段被仔猪很好地消化。除了营养源本身的差异对蛋白消化率有影响外，相同营养源采用不同的处理工艺也有影响。比如，舒解豆粕比普通豆粕的蛋白消化率更高。蛋白的消化率决定了最高的蛋白水平。教槽料适宜的蛋白水平应该是多少呢？以猪乳干物质中蛋白含量近30%为参照，教槽料中的蛋白水平可以是多少呢？对于现代养猪，仔猪过量的脂肪沉积显得没有必要，即使猪乳干物质中已经有相当高的蛋白水平，要使仔猪的蛋白质沉积最大化，对标猪乳的蛋白质水平，教槽料的蛋白水平还有很大的提升空间。仔猪生长如此缺乏蛋白质，为何我们不敢把蛋白水平做到这么高呢？关键还是原料的蛋白消化率太低，大量不可消化蛋白造成肠道炎症多发，极易引起腹泻，迫使我们不得不去降低蛋白水平，这也是业内很多专业人士的通用做法。以达成乳仔猪生长潜能的最大化发挥为中心，技术研究的重点应该是研究如何把教槽料的蛋白水平做高而不是做低，实现此目标的核心是把不可消化蛋白做低。乳仔猪可以承受的蛋白水平还有很大提升空间，未来很长一段时间，不可消化蛋白水平制约教槽料的蛋白总水平将是许多技术专家要攻破的技术难点。在蛋白消化率提升上，我们还有很长的路要走……

3.5.4　营养均衡性比营养水平更重要

与营养的来源、供应形式和消化性一样，营养素的均衡性也是决定营养利用率的重要因素之一。营养的均衡性体现在很多方面，除了技术层面的营养素间需要平衡，还有架构时的多目标优化，要兼顾营养与功能，兼顾生长与健康，兼顾成本与经济，兼顾匹配与转换，还有全要素平衡。如抗原水平控制、单体氨基酸总水平与粗蛋白水平平衡、消化梯度平衡、可消化氨基酸平衡、维生素平衡、微量元素平衡、酸碱平衡、离子平衡、渗透压平衡等。由此可见，营养平衡并不简单，是需要系统全面的宏观与微观平衡逻辑来支撑的。以大家最常讲的氨基酸平衡为例，它的平衡模式也不是一成不变的，需要根据生长阶段、绩效目标和成本约束等条件，就会有很多的氨基酸平衡模式，如最佳免疫平衡模式、肠道健康平衡模式、最佳皮毛平衡模式、最佳经济长速平衡模式、最大采食平衡模式、最高沉积平衡模式、最低造肉成本模式。具体到每个平衡模式，所有的营养配方师都有自己的平衡思路、方法和标准，常常会出现条条大道通罗马的意外收获。进行氨基酸平衡可以提高营养的利用率，进而可以降低营养素的水平。例如，对玉米豆粕型日粮平衡 5 种以上氨基酸可以降低 2% 左右蛋白水平就可说明进行营养平衡的重要作用。对供应同一营养素的营养源进行均衡设计同样有用，例如，低剂量应用多种铁源比高剂量使用单独一种铁源的免疫力提升能力更强；使用多种来源的蛋白酶比单一来源的蛋白酶消化率提升能力更好。营养均衡是多层次的，有大平衡，也有小平衡，有精准的平衡，也有模糊的平衡，具体应用时都要做充分的考虑。

营养在体内的转化和沉积过程遵循木桶原理，没有平衡的营养就会有短板，短板决定了整体的最大价值。进行营养平衡已是行业的共识，随之而来的就是近几年呼声很高的精准营养。实现精准营养很有意义，但很多人还没有深刻理解。精准营养，"精"对谁？"准"对谁？理论上讲，精准营养一定是平衡的，但这个精准是只满足一定条件要求的精准，一旦条件发生变化，原先的精准也会不精准，平衡也会不平衡。举一个极端的例子，比如根据 28 日龄断奶仔猪的生理特点和营养需求开发了一款精准平衡教槽料，这款产品在断奶后的前几天与仔猪的匹配性一定很好，但随着饲喂时间的延长，平衡模式就会越发偏离实际需求，这也是为何要将饲料称作"日粮"，日粮就是要每日精准平衡。精准营养意味着不多不少，能最大程度地减少浪费，更精准就是更经济。然而，在实际操作中，不可能实时根据条件变化进行营养水平和平衡的精确调整，从这个层面上讲，我们所做的所有营养架构平衡都是对可考察影响因素统筹考虑之后的最大维度的平衡。做精准营养的根本目的是解决营养的不充分、不平衡问题，理想很丰满，现实很骨感，针对不同的营养素还是应区别对待，有些需要精准测定、精准配制、精准生产，因为可以有效控制成本，如整体蛋白水平；有些则不能苛求精准，因为条件的变动性太大，只能将其锁定在可以接受的范围之内，如为了保障肠道健康、减少腹泻，苏氨酸的用量往往要突破长肉氨基酸平衡的限制，非常规使用。

从更经济的长肉进步到更健康的长肉，从更精准的营养升级到更平衡富裕的营养，全面均衡营养是一套与精准营养不同的营养逻辑。

3.5.5　营养功能性比营养水平更重要

在这个原料同样化、设备标准化的时代，想单纯通过配方指标调整和改造设备就能明显提升产品竞争力的路子已经走不通了。在市场竞争日趋激烈和用户要求越来越高的今天，营养技术的突破点在哪里？在特殊功能营养集成逻辑章节中，重点阐述了功能营养对于激发动物潜能和释放饲料潜能的重要作用。功能营养是当今产品竞争力升级的主要途径，然而，仍有不少企业和技术人员没有认识到功能营养的重要性，甚至有些还持有强烈的怀疑态度。导致这种情况的出现，不能排除有些所谓的功能营养产品在滥竽充数，给整个产业带来了信任危机。也正是因为许多功能营养产品的效果不确定，才让整个产业处于可有可无的境地，饲料企业自然也是能不用就不用，宁愿在大原料上多花钱，也不愿在功能营养上多投入。面对此种状况，行业亟须一家能帮助饲料企业选好、用好饲料添加剂和功能营养的第三方功能营养评估和集成应用公司，才能让饲料企业走出应用困局。目前，乳仔猪能从玉米、豆粕、鱼粉、乳清粉等原料中获得的黏膜营养、免疫营养、活力营养、解毒营养等十分有限。这是多数企业仅以常规原料做教槽料的最大缺陷，更不用说还想要通过功能营养冗余模式，来解决弱仔、亚健康、应激等教槽断奶难题了。

动物采食的目的有两个：一个是生长，另一个是保障机体的生理功能健全。现在，所有公开的营养标准，如 NRC、ARC 等，重点是围绕着生长，也就是多长肉来制定的，其中涉及的营养指标。如粗蛋白、维生素、微量元素等，很少是功能性指标，按此标准做出的教槽料必定在营养功能性上有很大缺陷。营养素的营养作用和功能作用是营养应用的一体两面，缺一不可，在总体营养水平满足基本生长需求的情况下，我们有充分的理由得出这个结论：营养功能性比营养水平更重要。对功能营养的价值认知不足，已经造成功能营养使用不足及教槽料功能保障不足的问题，不管如何升高或降低营养水平，营养的不平衡、不充分问题始终都不会得到解决，难道还不需要反思一下吗？

断奶是问题，教槽是行为，要通过教槽料解决营养与仔猪生理状态、生长阶段的匹配问题，在营养架构方面要做到营养来源、营养水平、营养模式、营养功能及供应形式等的全面营养逻辑匹配（图 3-15）。

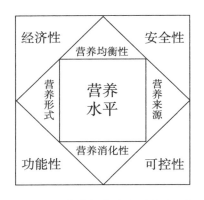

图 3-15　营养架构关注要点及逻辑

3.6　原料及成品的品质逻辑

在体验经济时代，产品的体验感越来越重要。产品品质作为良好体验感的重要组成部分，是实现差异化竞争和增强客户黏性的关键要素之一。在原料、设备和管控手段越来越同质化、标准化的今天，如何才能将品质感做得更好？这需要从底层的品质逻辑层面着手。

3.6.1　品质是产品和企业的生命力

"民以食为天，食以安为先。"在经历了层出不穷的食品安全事件，如金刚烷胺鸡蛋、瘦肉精猪肉、肥皂鸭等，社会各界都开始高度关注食品质量安全。饲料是畜禽的食品，饲料质量安全在很大程度上影响着动物和动物性食品的安全，保证饲料质量安全是从源头保障肉、蛋、奶安全的重要措施。

近几年，为守护"舌尖上的安全"，国家对饲料质量安全的监控越来越严格，企业的违规违法成本也越来越高。一旦出现饲料质量安全问题，轻则市场投诉增加，造成经济损失；重则受到行政、刑事处罚。因此，饲料企业除了要加强质量安全管控能力，不使用有安全风险的原料，做好原料的识别与品控，做好过程管控，更重要的是在思想上深刻地认知到品质关乎企业的命脉。

3.6.2　稳定是质量管理的基本目标

稳定、稳定、稳定，猪场生产追求稳定，要求饲料稳定。质量管理的基本目标是稳定。产品质量稳定是产品结果持续有效表达的前提；否则，猪场因饲料不稳定而投诉，信任度下降，导致营销推广没信心。档次高的饲料不一定是好饲料，质量稳定的高品质饲料才是好饲料。持续稳定地做出高品质饲料是对质量管理能力的考验，也是企业区别于对手的核心竞争力。

产品的稳定需要稳定的方案、优质的原料和对生产过程的严格把控。很多饲料企业的质量管理一直处于"忙""盲"和"茫"的状态。"忙"：忙于生产现场、忙于处理问题、忙于查阅文件、忙于处理异常、忙于打电话；"盲"：习以为常，安于现状、视而不见；"茫"：精力有限，能力受限，矛盾不断，一片茫然，束手无策。造成上述现象的本质原因是学艺不精、技能不足、标准及流程不清晰。为了改变现状，需要遵守质量管理的三个原则，提升员工的质量意识与技能。

底线原则是指企业应构建质量管理的底线，在质量管控中坚守底线，并配置资源，如配置相应的检测设备和人员，防止质量事故的发生。

早鸟原则是指出现质量问题时，发现得越早，损失越小。纠错要趁早，就像穿衣扣扣子，扣到最后一颗才发现第一颗就扣错了，岂不是做了无用功。企业的员工要基于"三现"主义（现实、现场、现物），及时发现问题，解决问题，减小损失。基于早鸟原则，企业需要做好源头控制，即确保原材料的质量符合标准。

稳定原则是指企业要推进生产工艺参数与生产作业的标准化，构建稳定的生产状态，保持产品品质稳定。因此，企业需要根据产品标准制定合理的生产工艺参数及生产作业标准，保障生产过程和产品稳定。

遵循质量管理三原则，可以有效避免在质量管控中"忙""盲"和"茫"的问题。因此，质量管理三原则要贯穿饲料生产的全过程。

3.6.3　风险无处不在，不要心存侥幸

饲料加工是通过特定的加工工艺和设备将饲料原料制造成产品的过程，包含了原料采购、原料接收与清理、原料仓储、投料、粉碎、配料、混合、调质、制粒、冷却、打包等多个工序。几乎每个工序都存在影响品质的风险，如原料的安全性、变异性、新鲜度、有毒有害物的含量、投料的正确性、混合的均匀性、冷却的有效性等。可见，质量风险无处不在，不要心存侥幸，需要未雨绸缪，防患于未然，对风险进行详细的评估并制订针对性的管控措施，有效控制风险，进而保证产品品质提升和稳定。

好方案≠好产品，好方案×好原料×好工艺×好品控=好饲料。一款好产品一定是方案、原料、生产和管控高效协同的结果。为了有效规避质量风险，新逻辑营养总结并提出了"品质管理五部曲"。首先，品质是设计出来的，技术部和研发部要结合企业自身情况，全面考虑，规避风险，如对于教保料要选用稳定性好、易采购、易评估的原料。品质是采购出来的，采购部要从价格采购转变到价值采购，保证原料的安全和稳定。品质是生产出来的，生产部要按照标准操作流程准确操作，做好关键点的控制，减少质量事故。品质是管控出来的，质量部不仅要严格做好原料检验分析，还要多去现场，及时发现质量隐患，将问题扼杀在摇篮。对于已经发生的质量事故，要基于"三现"主义，客观分析，总结经验，在以后的生产中规避风险。品质是改进出来的，鼓励全员积极参与，制订奖罚措施，充分发挥每个人的主观能动性，持续改善产品品质。

3.6.4　质量是生产出来的，不是检验出来的

检验和指标评估是评价饲料原料和饲料产品质量的基础，是必不可少的。检化验是为了及时对质量和风险进行评估，可以决定原料是否可用及如何用；可以建立饲料原料质量数据库，加强对原料质量和供应商的管理；可以将检测结果输入配方系统，对饲料配方做微调；为新原料的使用提供数据支持。及时对中间品和产品检验，可以减少甚至避免不合格产品的产生。

尽管检验对于发现问题很重要，但是相比事后补救，能在生产中减少问题发生，对于降低生产成本和提高生产效率更为重要。质量是生产出来的，不是检验出来的，标准规范的生产，避免生产中的各种风险，不仅是整体品质提升的关键，还是为检验减轻压力的重要方法。（详见教保料生产九关中的质量风险控制）

3.6.5　饲料生产是技术含量很高的营养源改造过程

饲料行业是相对落后的行业，但创新从未停步。面对无抗、提质增效、增效降本，饲料预消化和营养源改造开始被越来越多的关注。营养源改造已经成为饲料科技创新提升生猪生产潜力的主要方向之一。

营养源改造是根据原料特性，通过生物技术、物理方法和化学方法等改变营养结构，将营养源改造成适合动物消化生理的营养，进而提高饲料营养利用率的技术。通过营养源改造可以将原料中不能消化的营养物质转变成能被动物消化的营养物质，难消化难吸收的营养成分转变成动物更易于消化吸收的营养成分，提

高营养利用率；降低饲料中的抗营养因子，改善适口性；降低有毒有害物的含量，减少对消化道和机体的负面效应；减轻消化负担，保护肠道健康；减轻肝脏转化和肾脏排放负担，降低能量消耗；产生有益的营养，如小肽、活性微营养等；改善机体健康；减少排泄物，减少营养浪费。

目前，常用的营养源改造技术主要有：物理方法，如膨化、膨胀、烘焙、速爆、高温调质等，主要通过水、热力和机械等对原料做处理，改善原料的适口性和利用率；化学方法，主要利用酸、碱来处理原料，达到去除抗原、提高消化率的目的，如大豆浓缩蛋白的生产；生物法，如发酵和酶解，主要通过酶和微生物发酵处理原料，如发酵豆粕、酶解豆粕等。

营养源改造的方法不同，工艺不同，效果不同，成本不同。膨化、膨胀的成本比较低，工艺简单，可以直接把膨化机和膨胀器安装在料线上，饲料企业使用较多。膨化后，淀粉易老化，不易储存；大量使用膨化原料还会引起猪上火；膨化和膨胀对抗原及抗营养因子的去除有限。烘焙和速爆原料的适口性比较好，但处理设备比较贵，生产时容易烤煳，且生产成本较高。化学法生产流程复杂，对技术要求比较高，需要专业的设备，生产成本高，控制不好还会产生污染等负面效应。

营养源改造能减少原料中的抗营养因子含量，提高原料的利用率，提高原料价值。原料资源短缺，饲料利用率低，动物生产性能不佳，养殖污染大是长期存在的问题，制约了饲料工业和养殖业的发展。传统日粮中，粗蛋白含量比较高，饲料中蛋白的回肠末端表观消化率为 70%～80%，例如，乳仔猪对豆粕的回肠末端表观消化率只有 60%～70%，鱼粉只有 70%～80%，这二者是猪料中排在前列的优质蛋白源，消化率都还有很大的提升空间，更不用说其他蛋白源了。我国每年需要进口大量的饲料原料，尤其是蛋白类原料严重匮乏，对外依存度长期保持在高位。中国工程院谯仕彦院士曾发文指出，目前我国饲料中蛋白质的实际利用效率只有 50% 左右，存在很大的浪费。同时也说明，蛋白质的利用率还有很大的提升空间，每年可以节省大量的蛋白资源。

在最新的国家标准 GB/T 5915—2020《仔猪、生长育肥猪配合饲料》中，增设了粗蛋白质上限值，下调了部分指标的下限值，增加了限制性氨基酸品种。农业农村部 2021 年发布了《猪鸡饲料玉米豆粕减量替代技术方案》。2022 年发布了最新的团体标准 T/CFIAS 8001—2022《生猪低蛋白低豆粕多元化日粮生产规范》。一系列标准的发布说明减少大豆进口依赖，日粮降蛋白、减豆粕是政策方向。降蛋白不等于降成本，一味地降低蛋白水平会牺牲生长绩效，影响最终生产总成绩（一个猪场每年的总产肉量）和整体养殖效益，导致造肉成本更高。我们要做的是在保证绩效的基础上减豆粕、降蛋白。这就需要通过技术创新，实现高消化、高吸收、高沉积，降低动物消化道负担，减少营养虚耗和营养浪费，达到降本增效的效果。

养猪的目标是将饲料蛋白转化为更多的肉，这也是传统日粮追求高蛋白的原因。但高蛋白不等于高沉积，只有被机体利用的蛋白才是有效的蛋白，过高的蛋白反而会加重机体的代谢负担。如未被消化的蛋白质在后肠异常发酵，产生炎症因子，损伤消化道和机体。饲料的核心是长肉，机体沉积脂肪的成本是沉积蛋白的 4 倍，沉积瘦肉比沉积脂肪更划算。动物的蛋白质沉积能力由动物的消化力和蛋白的利用率决定，在特定阶段和条件下，动物的消化力相对不变，饲料中蛋白质的利用率决定了蛋白质的沉积能力，直接影响养殖成本。提高日粮蛋白质的利用率是提高机体瘦肉沉积的有效途径，饲料中蛋白质的利用率越高，养殖成本越低，提升蛋白效率，达成更健康、更高效、更经济、更多的长肉。提高蛋白质的利用率，可以实现在减少豆粕用量、降低日粮蛋白的情况下，保持原有的养殖绩效。举个例子，传统日粮粗蛋白 20％，蛋白转化率 70％，1t 饲料可以转化为140 千克瘦肉。通过营养源改造将蛋白的转化率提升到 80％，日粮粗蛋白降到18％，1t 饲料可以转化为 144 千克瘦肉。真正实现减豆粕、降低蛋白、不降绩效，而且养殖成本更低。蛋白质利用率的提高也意味着尿氮和粪氮的减少，减少环境污染。

为此，新逻辑营养基于对蛋白源改造的深入研究，开发了蛋白舒解技术，主要针对豆粕等蛋白原料，通过多种表面活性剂，实现对蛋白裂解、乳化和增溶。同时配套饲料企业设备，采用调质、制粒、脱水等工序，做舒解处理，裂解蛋白聚集颗粒，舒展蛋白三、四级结构，将蛋白调制成更适合消化吸收的形态，增加蛋白溶解，暴露更多酶解位点，进一步提高蛋白的消化速率和整体消化率。舒解可以减少后肠不可消化蛋白，减少抗营养因子，屏蔽抗原，提高蛋白的利用效率，把蛋白的营养价值最大化的释放。

舒解技术是饲料企业可以自己做营养源改造技术，易操作，能充分发挥自身的设备价值，使用方便。一方面稳定原料和产品品质，另一方面还能降低成本。例如，用 2 份舒解豆粕替代 1 份鱼粉。使用舒解技术，可以提高蛋白质的利用率。因此，可以在保证生产绩效的前提下，实现豆粕减量，日粮降蛋白。

3.6.6　品质升级需要持续的工艺创新（以"七化"工艺为例）

我国饲料工业经过多年的发展，尽管取得了丰硕的成果，但是多数企业的研发重心在动物营养技术和配方的优化创新上，饲料生产加工方面多集中在生产成本的控制和生产效率提升上，在工艺增值增效创新方面研究应用较少。

行业竞争升级的思维必须从动物饲料向动物食品升级，用食品加工工艺生产饲料，充分挖掘工艺的价值，才能确保企业在市场竞争中占有一席之地。简单的粉碎、混合、熟化等传统的生产工艺对饲料价值的提升空间有限。好方案需要匹配好工艺，通过工艺创新提升饲料营养价值。新逻辑营养在教保料工艺创新方面经过大量的研究和多年的实战，将成果总结为"七化"技术，即糖化、盐化、油化、乳化、酸化、肽化和舒化。

1. 糖化

现在多种糖源（蔗糖、乳糖、葡萄糖等）在教槽料中的使用问题，就是没有与淀粉、蛋白等融合于一体，而是以分离或游离状态存在，导致甜感不均匀、吸收不平稳、渗透压变异大。因而，需要在饲料加工过程中，采用调质、均质、保质等的生产方式，让糖源均匀分散、溶解、结合于饲料中，实现改善适口性、均衡提供能量、降低渗透压等作用。

2. 盐化

在烹饪食材时，大家经常讲盐要入味，入味了才好吃。食盐在烹饪中可以起到调味、增强其他风味的作用。食盐的高渗透压特性，可以调节食材的质感，改善口感，这就是盐化在食品加工中的应用。

现在盐在教槽料中的使用问题，就是没有与蛋白质、脂肪等融合于一体，而是以易分离的颗粒状态存在，导致渗透压变大，饲料的口感不能达到最佳状态。因而，在饲料加工过程中，需要采用调质、均质、保质等的生产方式，让盐均匀地分散、溶解、结合于饲料中，降低和调节渗透压，改善饲料风味和适口性，提高蛋白质利用率。

3. 油化

在烹饪食材时，油加热一下香味更浓郁，因为油在加热的过程中可以产生诱人的香味即醛类，这也是油化工艺创新的源点。现在油在教槽料中的使用问题，就是没有与蛋白、淀粉、纤维等融合于一体，而是以非乳化液态存在，导致油的消化性不佳。在饲料加工中，通过高温基础熟化料、调质、均质、保质等的生产方式，促进油的融合，一方面让油脂产生浓郁的香味，提升日粮的适口性；另一方面，可以促进油脂的乳化，提高消化率，并且经过油化处理，油脂与淀粉、蛋白、纤维等相互渗透，融为一体，让油更均匀地分散于饲料，口感不油腻，饲料的感官更好。

4. 乳化

日粮中的脂肪需要在体内被脂肪酶分解为脂肪酸和单甘酯才能被小肠黏膜吸收。脂肪颗粒大小和脂肪酶活性是影响脂肪消化率的重要因素。油滴越小，与脂肪酶的接触面积越大，脂肪的水解速率越快，脂肪的消化率越高；脂肪酶活力越好，脂肪的水解速率越快，脂肪的消化率越高。幼龄动物体内脂肪酶活性偏低，将大颗粒脂肪变成小颗粒脂肪成为提高幼龄动物脂肪消化率的主要措施。通过乳化工艺处理，将大颗粒脂肪变成小颗粒脂肪，提高脂肪的水解速率，进而提高脂肪的消化率。

除了脂肪的乳化，教槽料中的蛋白、淀粉等的乳化同样重要。现在教槽料中各种原料（如蛋白、淀粉、脂肪、纤维、盐、石粉、磷酸氢钙等）的使用问题，就是没有形成均一乳化的体系，导致消化一致性差、产品感官不佳。对教槽料中的主要原料进行全乳化，可改善加工性能，提高消化均匀一致性。具体做法：在饲料加工过程中，采用多种表面活性剂和乳化剂，通过高温基础熟化过程，让教槽营养形成均一乳化体系。

5. 酸化

现在酸在教槽料中的使用问题，就是没有与教槽料中的碱性物质形成缓冲体系，而是多数直接发生中和反应，让酸效降低。有效的酸化就是要让酸以稳定的活性状态存在于教槽料中，进入消化道后，能发挥酸应有的作用和价值。

仔猪由于胃酸分泌能力差，对饲料系酸力和缓冲度的要求比较高。缓冲度差的饲料会导致仔猪的胃酸分泌出现紊乱，影响仔猪的健康。通过酸化处理，可以平稳仔猪胃酸的分泌，增强饲料缓冲度，仔猪采食后，胃酸平稳分泌，改善肠胃健康。让饲料整体有一定的酸碱缓冲能力，形成酸碱缓冲体系，增强仔猪对食糜的适应性，是酸符合生理的创新应用思路和方法。

6. 肽化

肽是介于蛋白质和氨基酸之间的有机化合物，参与机体内多种复杂的生理活动，体内的一些酶、激素、抗体等活性物质多是以肽的形式存在。一些小肽可以以完整的形式被机体吸收。与氨基酸相比，肽的吸收速度更快；氨基酸是被动吸收，需要耗能，而肽是主动吸收，耗能少或不需耗能。

　　饲料中的蛋白质需要在消化道内分解为游离的肽和氨基酸才能被吸收利用，蛋白质的消化是耗能的过程。肽化工艺是预消化工艺的一种，通过多种表面活性剂和风味改良剂处理。在均质、调质等工艺的协同下，可以产生部分活性小肽和风味小肽，不仅可以提高日粮的适口性，改善动物健康，还能协助提高蛋白消化和吸收速率，改善饲料的利用率。

　　7. 舒化

　　教槽料舒化技术主要是通过舒解剂和饲料生产设备，利用化学作用和物理作用，对教槽料所有原料进行多次预处理，将很多大分子营养调质、舒解成更适合幼龄动物消化吸收的营养，提高整体消化率。钝化原料中的抗营养因子，弱化抗原，杀灭病原微生物，减少有害物风险，提高生物安全，让仔猪舒服地消化。

　　对品质的认知深度，决定了做品质的高度。在这个品质亟须升级的时代，如果还按老思维做产品，必定没有前途。为此，我们唯有重塑品质逻辑，深度认知饲料品质的内涵，从细节着手，把品质理念落到实处，做到知行合一，方能铸就真品质（图3-16）。

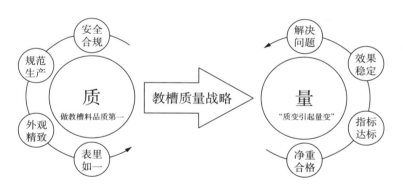

图 3-16　教槽料的原料及成品的质量原则

3.7　企业竞争力运营逻辑

　　企业的运营逻辑最终决定着如何遵循和应用营养逻辑，因而，研究适合企业的有未来的、能提升竞争力的运营逻辑，以保障正确的营养逻辑落地实施变得尤为重要。

3.7.1 聚焦思维

什么是聚焦？把相机镜头焦距调准确，这样人或景物才能看清晰，否则就是模糊的。"聚焦"引申用来表示把注意力聚集到某一点上，用最优势的资源来保障核心目标的达成。对于企业经营，聚焦就是为企业定位，包括赛道定位，如是做教保料还是做育肥料；产品定位，如是价值型，还是价格型；市场定位，如是价值型养殖还是成本型养殖……专注定位就是聚焦。随着行业细分和产业链细分，分工更加要求专业化，对于资源有限的饲料企业一定不能分散精力去搞多元化，应先聚焦于自己想做的行业，再在行内找到自己的优势领域，坚持深耕下去。例如，先选行业，是要做猪料还是禽料，再选领域，如果要做猪料，必须选择聚焦是做教保料还是育肥料，否则就无法打造自己的竞争优势。我们希望猪料企业一定要找对找好自己在生猪产业中的生态位和价值位。很多企业其实一直处于创业期，远未进入成熟期，即使是已经成立很久的公司，造成这种情况的主要原因就是经营不聚焦，定位多变，兵力分散。经营过程中的诱惑很多，作为企业的管理者要有战略定力，杜绝猴子掰玉米式聚焦。猪料企业应该聚焦在哪里？企业经营的首要是为用户创造价值，因而，应该聚焦于能为养猪创造更大价值的产品和服务上。将鸡蛋放在不同的篮子里，以多焦点来运营，期待能分散风险，实则总体失控的风险已经成倍增加。聚焦优势能力，聚焦优势产品，聚焦优势市场，焦点已然清晰，关键还要看我们是否有恒心将事情长期坚持做下去！

3.7.2 利他思维

从利益分配的角度看，企业与用户是一对矛盾体，企业获得的多，用户获得的就少，两者之间的最坚强纽带是等价交换。企业要想法设法地多创造价值，然后，用户用钱来投票。企业要想利润最大化，就要平衡好价值创造和利益分配，如果一味地想剥削用户，再忠实的客户也会离你而去。相反地，企业应凡事站在用户的角度考虑，主动输出价值，也就是商业层面的利他思维。在商言商，于己有利而于人无利者，小商也；于己有利而于人亦有利者，大商也；于人有利，于己无利者，非商也；损人之利以利己之利者，奸商也。最伟大的商业模式就是利他模式，利他的本质是互惠，互惠才能实现最大的利己。利他是对用户的尊重，也是对用户的责任。猪料企业的利他思维应该体现在，以猪的真实需求来做产品，以实现猪场利润最大化来做营养匹配，以经销商成长为目标来做经销辅导，以营养效率最大化为标准来架构营养体系……其实，做饲料并不困难，只要企业有利他价值，悦近远必来。

3.7.3　集成思维

运营企业的本质是经营资源。资源又分为内部资源和外部资源，内部资源是有限的，是否有必要去整合外部资源呢？专业的人干专业的事，围绕运营目标去配置资源，运营效率才能最大化。作为企业运营负责人，有责任让企业创造更多的价值，产生更多的利润，因而就要善于进行内外资源协同，方能达成最大化价值输出。然而，许多企业的资源运营现状并不尽如人意，特别是研发、生产和市场环节严重脱节。企业本身就是各种资源的总和，盘点已有资源的种类，确定还有哪些资源需要整合，通过改变资源的种类和结构，盘活资源才能让企业迸发出系统的能量。现在是一个长板集成的时代。补短板，只能解决当下的问题。长板集成，才是当今商业的主题。做长板集成的目标是要做一个更大的水桶，而不是仅仅把短板补齐就行了。从这几年我们自身经营实践来看的话，传统的生产要素，已经被边缘化了，资源、逻辑和技术，已经成为企业新的生产要素。新要素、新变量、新资源在同一个逻辑下运行，已经开始快速长跑。长板集成是创新的一个利器，特别是在资源有限、时间有限的情况下，我们要转换运营逻辑，打破内外边界，持续创新迭代，才能实现更大的运营突破。认知决定行为，让我们一同打开思想的禁锢，抛弃万事万物为我所有的枷锁，拥抱一切为我所用的集成思维，整合行业优势资源，升级企业竞争力。

3.7.4　极致思维

所谓极致，就是把产品服务和用户体验做到远远超越用户预期，进而建立坚固的用户黏性。极致思维对于饲料行业来说就是工匠精神，对细节有更高的要求，对精品有着执着的坚持和追求。把品质从 0 提高到 1，其利虽微，却能为用户带来更多价值。做极致说着简单，做着却不简单。本质上，个人都没有那么厉害，不是什么东西都能做。我们要想把一件事情做到极致，就需要把所有的时间和精力放在主业上，放在最能创造价值的地方，也就是需要聚焦，把针尖捅破天，做一厘米宽，一千米深。在饲料行业，还有不少企业的产品生产很粗放，远远还没有达到极致的程度。能看到这一差距，并付诸实际行动去改善原料、改进设备、升级技术的企业，仍能享受到最后的品质红利。"天下大事，必作于细"，能基业长青的企业，无不是精益求精才获得成功的。术业有专攻，一旦选定行业方向，就要在行业的细分领域内一门心思扎根下去，心无旁骛，在一个细分产品上不断积累优势，在各自领域成为"领头羊"。坚持极致思维也是给企业打造一个长板，让企业在某一方面最具竞争力，不管是去整合别人，还是被别人整合，这都是自己的资本。

3.7.5 爆品思维

在产品维度的极致思维就是爆品思维。要做产品就要做爆品，不会爆的产品不做，只做能爆的产品。爆品代表着专注某一类用户，代表着真正找到了用户的痛点，代表着以用户思维为导向的设计、研发、生产与销售。曾经行业内一度流行"打造互联爆品的三个原则"，即目标要准、产品要好、引爆要快，而应用到饲料行业，打造饲料爆品需要四个原则，即定位要稳、产品要真、体验要实、推广要久。所谓定位要稳，就是产品的成本、价格、客户等定位要稳定，不能经常变动，也不能搞很多档次的产品让用户眼花缭乱；产品要好，就是宣传的功能要有，并且要明显，原料质量要最优，营养要真实存在，不能挂羊头卖狗肉；体验要实，就是要把产品的真实价值以真实的数据、图片、视频和养殖结果呈现给用户，不仅能拉高产品势能，引爆用户，还能引爆销售团队；推广要久，就是饲料产品要想成为爆品必须坚持长期推广，不能奢望一夜之间人尽皆知，也不能看见一点成效就开始享受成果；否则，结局必定是不进则退。能否成为爆品，最终的基础是产品价值竞争力，价值量足够大，企业、客户和经销商都有信心来推广，才能众人拾柴火焰高。猪料企业如何做爆品？最容易的引爆点当数教槽料，最难做的引爆点还数教槽料，最少有人做的引爆点仍是教槽料。

在企业经营过程中，会遇到各种各样的难题，究竟选择什么样的思维逻辑来解决是对管理者的最大考验。重装一套有竞争力的运营逻辑，就如同给电脑重装了一套新系统一样，漏洞更少，运行更快，操作更舒适（图3-17）。

图 3-17　思维升级是企业稳健运营的根本

本章总结

　　营养逻辑已经潜移默化地渗透动物营养企业运营的方方面面。本章通过对最基本的营养逻辑进行深入分析探讨，从多角度充分展现了营养逻辑的深度和广度，也告诉所有相关从业者，想要完全掌握和灵活应用营养逻辑，还有许多基础性的工作要做。

第4章　营养逻辑学的实践应用

【导语】营养逻辑学不仅是指导进行辩证分析营养问题的思维工具，更是指导实践应用的理论工具、操作规范和技术指南。本章将以猪料，尤其是教槽料的营养逻辑实践为案例，深入剖析如何遵循营养逻辑学的基本逻辑和理念来做好营养应用和产品。

4.1　教槽断奶特殊营养体系

断奶前后是仔猪生长发育过程的关键特殊阶段，此时应基于仔猪生理状态，遵循营养转换与生理转换相匹配的原则，为其提供生理匹配指数最佳的营养架构。尤其是针对转换适应能力较差的弱仔猪，更要精心构架差异化、高匹配的营养体系，才能更好地解决教槽断奶过程中的营养衔接转换难题，打造价值型教槽料，为养猪创造更多价值。

4.1.1　营养转换与生理转换需匹配

营养转换与生理转换相匹配（图4-1）是保障仔猪健康和经济养殖的基本原则。在此原则的约束下，必须基于特定养殖条件和生理状态下的仔猪营养需求和适应能力，选择适宜的原料、工艺和配比来达成营养与生理的匹配，才能更好地解决教槽断奶过程中的诱食、教槽、断奶、过渡等难题，打造价值型教槽料，为养猪创造更多价值。断奶前后是仔猪生长发育过程的关键特殊阶段，由于处于心理、生理和营养转换等多重应激状态之下，仔猪常常表现出恐新，上料慢，肠道屏障损伤，易发腹泻，免疫空窗，修复慢，抵抗力低，进而表现出对人工饲料的适应能力弱的现象，这也是教槽断奶问题难解决的根本原因。营养转换与生理转换匹配程度决定教槽断奶过渡的平稳性和安全性。营养转换是人为的主动过程，生理转换是被动的适应过程，我们不能寄希望于仔猪有很大的能力去适应各式各样的教槽料，而应深入研究什么样的教槽料能与仔猪的适应能力相匹配，才能达成快速上料、肠道健康、免疫强化、绩效提升等营养目标。

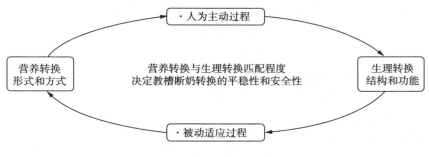

图 4-1　营养转换与生理转换匹配程度

4.1.2　教槽生理匹配指数

教槽生理匹配指数是衡量教槽料的营养组成、含量和品质以及供应形式与断奶仔猪的适应能力的匹配程度的综合指标，它主要由无厌感指数、速溶指数、缓冲指数、消化梯度指数、抗氧化指数、安全指数等组成，能实现多维度、深层次、系统的评估营养生理匹配性，进而可用于量化评价教槽料的功能、价值。下面详细介绍各个子指数的含义及构建方法。

1. 无厌感指数

气味和口感是仔猪评价教槽料是否能吃、能否多吃的第一关。仔猪本能的排斥可能损害机体健康的食物，这些食物从气味和口感上，一般都会让其产生厌恶感。因此，在匹配教槽营养时要尽量减少会产生不良感受的原料使用，尽量做到无厌感，方能实现更快上料，更多采食。

仔猪讨厌霉味、过香、苦、涩、麻、过酸、过甜、过咸、过鲜、过硬、过干，喜欢腥、真奶香、真乳香、真谷香和适度的酸、甜、咸、鲜。教槽无厌感的实现要从气味、物理口感、化学口感和采食后的良好感受等方面系统来做，必须基于猪的需求和喜恶来选原料、做加工，有一点做不好，就会抑制采食。这里需要强调的一点就是，猪的感官非常灵敏，采用掩蔽的方法可以骗过人，却骗不过猪。

断奶后平均开始采食时间、短期采食量、长期采食量等都是衡量无厌感是否做到位的重要指标，当然也可以建立教槽料的气味和口感打分系统，通过人的感官测量表征教槽料的无厌感指数。

2. 速溶指数

教槽料与仔猪生理的匹配除了营养成分层面的匹配，还需要营养的存在形式和状态的匹配。我们知道，营养需要处于溶解状态才能被更好地消化吸收，营养的品质才更好，就如同母乳中的营养应具有乳化、均质的全溶特性一样。断奶前后，仔猪肠道处于以母乳为营养来源并适应于消化吸收母乳的生理模式，因而，教槽营养的乳化、均质程度和关键营养的溶解性也就决定着教槽料与仔猪消化吸收能力的匹配程度。

教槽料的速溶指数是评估教槽营养的乳化性能、均质性能和关键营养的溶解性的综合指标。速溶指数越高，速溶性能越好，营养的形式和状态与母乳越接近，就越能匹配断奶前后仔猪的消化吸收特点。提高教槽速溶指数可以通过控制最佳粉碎粒度（细粉度）、可溶性物质比例、使用表面活性物质等方法来改善整体乳化性能，尤其是针对植物性蛋白原料，不一定非要将其做成小肽，而是要采用技术手段将不利于消化的非溶解蛋白颗粒打破，将立体蛋白分子舒展为可溶解的链状，就可以很好地消解抗营养因子和提高营养消化性。

3. 缓冲指数

消化内环境的稳态是确保消化速率稳定和肠道健康的关键要素，它主要涉及胃肠内食糜的酸碱环境稳定和渗透压稳定。

胃肠道不同区段的最适 pH 都有一定的健康范围，不可过酸，也不可过碱。在仔猪生长发育过程中，消化道内的生理 pH 是动态变化的，尤其在断奶前后波动很大，极易导致肠道屏障功能和消化功能紊乱。从 pH 环境稳态要求来看，单纯地通过增加饲料中酸性或碱性物质，并不能提供很大的帮助，反而会给机体的自身调节带来负担。最合理的做法是在详细评估教槽料中各类酸性、碱性物质的含量及其所构成的酸碱体系的缓冲能力的基础上，平衡应用相关 pH 调节剂。

肠道吸收水分的动力主要依靠上皮细胞主动转运营养物质形成的渗透压，如果肠内食糜高渗，就会导致过多水分滞留在肠腔内，出现软便或水样便。要减少肠内水潴留，就要根据仔猪的适应能力，合理配置可溶性矿物质、快消化淀粉、慢消化淀粉、快消化蛋白、慢消化蛋白、小肽、氨基酸、多种糖源等，用量适宜，比例适宜，稳定消化和释放，以保障肠内渗透压的适宜与平稳。

缓冲指数的体内评估比较困难，一般可采用体外仿真消化技术，来实时监控消化体系的 pH 和渗透压稳定度，间接评估与仔猪耐受力的匹配度。

4. 抗氧化指数

氧化应激是造成仔猪健康问题的重要原因和主要生理机制。机体天然存在氧化过程和抗氧化机制，例如，在动物呼吸作用过程中，不仅会产生许多超氧化物和氧自由基，同时体内也会合成超氧化物歧化酶和还原酶将其快速分解，避免大范围的氧化损伤。除了体内自然发生的氧化外，饲料中的有毒、有害物质、环境和断奶应激也会增加机体的氧化强度，并降低抗氧化能力，是诱发氧化应激的主要因素。加之断奶后，仔猪突然缺失母乳中还原性物质和抗氧化酶的保护，自身的抗氧能力提升尚需时间，体内氧化与抗氧化就会很快处于失衡状态，进而导致消化、免疫、呼吸等系统氧化损伤和功能减弱。

为了减少因氧化损伤造成的腹泻、皮毛粗糙、生长抑制等问题，优秀的教槽料需要同时做好体外防氧化和体内抗氧化。体外防氧化是指采用抗氧化物质减少教槽料暴露于空气时的氧化损失和氧化物的产生，如保护维生素、不饱和脂肪酸、有机铁等不耐氧化的营养素；体内抗氧化是指通过羟自由基猝灭剂、单线态氧猝灭剂、还原性营养素和抗氧化酶等在体内减弱氧化应激过程，保护组织细胞免受高剂量羟自由基、过氧化氢、脂质过氧化物等造成的损伤。

对教槽料的抗氧化能力和机体氧化损伤保护能力的评价，可通过饲料中抗氧化剂含量、还原性养分含量、整体的过氧化值、微量元素的 Fenton 反应催化活性等指标构建抗氧化指数来判断。

5. 安全指数

教槽料中不可避免地会存在对仔猪健康带来损伤的有毒有害物质，这些物质含量越少，教槽料越安全。为此，我们在追求高营养高利用的同时，针对营养品质的提升，还应建立以"低有毒有害"为应用目标的原料评估应用体系、生产质量控制体系和生物安全防护体系。

教槽料的安全指数可围绕两个重要方面构建，即原料和成品的新鲜度与清洁度。新鲜度方面，重点要求低酸价、低氧化、低氨氮、低炎症因子等；清洁度方面，重点要求低杂质、低污染、低毒素、低有害微生物等。在每一个具体的"低"方面，还需进一步深入到可测定的指标层面，如低炎症因子包括对组胺、各类蛋白过敏源等的控制。

4.1.3　教槽营养匹配架构要点

营养架构的根本目的就是将生理匹配指数做到最佳，要达成此目标需从以下

4个方面来做：

1. 营养素平衡

营养素平衡为业内人士的公认，但多数从业者依然仅停留在指标平衡层面，只能涉及部分营养素的平衡，如氨基酸平衡、氮能平衡等，并没有做到更全面的平衡。除了饲养标准中可见的营养指标需要参与平衡外，还需要更深入的考虑理想蛋白平衡（可消化氨基酸平衡、氨基酸与粗蛋白平衡），糖平衡（乳糖、葡萄糖、蔗糖等），脂肪酸平衡（必需与非必需平衡、饱和与不饱和平衡），离子平衡（微量元素平衡、可溶性阴阳离子平衡）等，尽可能地做到全面架构，一体化平衡，方能达成最优的营养效率。

营养素平衡要以仔猪的动态需求为依据，以三糖平衡为例，断奶前后不同阶段，仔猪对三种糖源的吸收利用能力不同，尤其是断奶后，对乳糖的依赖生理反射性降低，而对其他糖的利用能力本能性快速建立，因而，在这个短暂的过渡期，如果长期延续高乳糖，则会抑制仔猪对其他糖源的利用能力提升，易出现后续换料困难。由此可见，动态匹配仔猪动态需求的不同营养素的总体用量和相互间的比例极为重要。

2. 营养源平衡

不同的营养源与仔猪的生理匹配指数是不同的，因而，针对每种营养源都应从它的无厌感指数、速溶指数、缓冲指数、消化梯度指数、抗氧化指数、安全指数等方面认真评估后，才能决定是否可以用于教槽料。营养源平衡必须遵循这样一个大原则，即经加权平均后，各个匹配指数都应在仔猪的承受范围之内才行，千万不能有"差不多"思维。因为只要有一个指数出问题，就会导致整体出问题。

营养源平衡还涉及较难量化的部分，如热凉平衡。我们知道，在中医理论中，食物有寒、热、温、凉四种不同属性，不同体质的人适合不同的食物。目前，常用教槽料原料中偏寒凉的较多，如各种无机矿物盐、生豆粕、生玉米等，极易导致仔猪消化不良、腹泻。热凉平衡正是要在对教槽料中原料的"四性"归类的基础上，进行热温与寒凉平衡，以确保对仔猪体质的匹配适应。

3. 宏量与微量平衡

从配方中的比例上讲，用量超过0.1%的原料或营养素都可以归为宏量营养，如宏量原料有玉米、豆粕、鱼粉等，宏量营养素有赖氨酸、淀粉、纤维等，用量低于 0.1％的原料或营养素可以归为微营养，如基础微营养有复合维生素、复合微量元素、复合抗氧化剂等，功能微营养素有谷胱甘肽、核苷酸、多/寡糖、乳铁蛋白等。

宏量营养与微量营养在动物体内承担的生理功能各有侧重，通俗地讲，宏量营养侧重于吃饱，主要作为生长发育的物质基础而存在，微量营养侧重于吃好，可实现循环、协同、修复等多种营养调控和健康功能。宏量营养一般不会缺乏，而微量营养却经常缺乏，这是因为目前营养学界已经把宏量营养研究的非常充分和透彻，技术人员在实际应用时也投入了更多的精力去满足仔猪需求；相反，在微量营养的研究应用方面，面临着现代猪的"五大拦路虎"（详见特殊功能营养集成逻辑），以及作物育种导致原料中功能性物质减少的困境，加之实际应用时不够重视，导致仔猪常常出现各种复杂难题，主要表现就是教槽料功能效果不突出、不稳定。因此，为了进一步升级教槽营养，未来的重点应放在功能微营养的科学合理应用上。

4. 高与低平衡

教槽料品质的优劣不仅仅与营养水平相关，还与营养整体的安全性和健康性有着紧密的联系。营养水平高固然很好，但忽视教槽料的健康效应，以超过仔猪承受能力的营养水平饲喂，反而会带来许多负面影响。很多时候，在关注"高"的时候，还应基于仔猪的真实需求考虑一下，它们有哪些"低"的要求，或许会更有利于全面决策。

营养水平高低设置并不是"艺术"，而是有着深刻的动物生长发育需求规律作为约束。以蛋白和氨基酸水平为例，仔猪的耐受水平受到蛋白来源、预处理工艺、可消化性、抗营养因子含量、致敏蛋白含量等的综合影响。从"低"的角度来看，达成蛋白的低不可消化，低后肠发酵，低生物安全风险，才是我们控制蛋白品质的真实标准和目的。另外，从各国的饲养标准来看，粗蛋白等指标的推荐量都是逐步降低的趋势，这也是考虑了猪种的变化和技术进步所推动的更多生理匹配性更高的营养源应用的结果。高为目标，低为保障，二者相辅相成，做到充分权衡，才能做出最有竞争力的教槽料。

4.1.4　弱仔猪差异化营养体系

弱仔猪是现代养殖过程中主要影响整体绩效的群体，尤其是随着高产母猪品系的广泛推广应用，这方面的问题已经变得非常突出，随之而来的就是养殖端对解决弱仔难题的强烈需求。弱仔猪营养匹配问题如何解决？通过母猪料改善解决能力有限，唯有采用更能兼顾匹配弱仔猪的营养体系，做出更符合弱猪需求的教槽料（图 4-2）。不同于强弱一视同仁的常规营养体系，弱仔猪差异化营养体系具有以下特点：

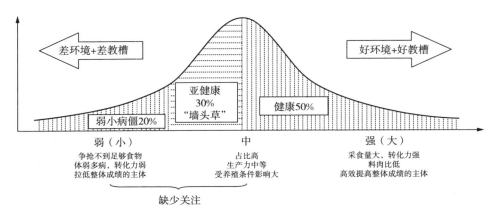

图 4-2　仔猪群体的不均匀性要求设计差异化营养体系

1. 冗余设计

个体营养需求与群体营养需求存在差异，健康群体与亚健康群体营养需求存在差异，强仔与弱仔营养需求存在差异。在不能实现分群精准饲养的情况下，营养供给应遵循必须满足和匹配弱仔猪的营养需求及生理特点的原则，因为弱仔猪才是决定营养效率、猪群健康和养殖效益以及评价教槽料产品效果（腹泻、毛色、生长等）优劣的关键。既然要以弱仔猪为标准来配置营养架构，对于强壮仔猪必然就会存在某些营养过多的情况。从阶段经济效益最大化的角度来看，这些过多的养分对强壮仔猪来说确实有些浪费。但从整体健康效益提升上来看，弱仔猪能健康，强仔猪会更苗壮，猪群整体健康，整齐度可以改善，营养效率更高，死淘率更低，全程养殖效益和投入产出更优。

2. 特殊功能

基于弱仔猪营养需求进行冗余设计，主要体现在对多种特殊功能营养的非常规应用上。以相同的蛋白、糖、脂肪等宏量营养水平同时饲喂强弱仔猪，要弱仔猪能以健康的生理状态将这些宏量营养最大化吸收转化，则必须要有超过强壮仔猪需要量的特殊功能营养支持才能实现。这些特殊功能营养多数都是生长发育过程中必需的微营养，其主要作用是让仔猪吃好，吃出健康，有更强的代谢活力。

尤其是断奶阶段，弱仔猪所需的肠道转换、免疫增强、循环修复、抵抗应激等特殊功能营养在宏量原料中普遍缺乏，是导致常规教槽料在诱食性、采食量、肠道健康、转换过渡等方面或多或少存在缺陷的重要原因。因此要想做出更有竞争力的教槽料必须在全面、系统、均衡营养上下功夫，特别是要将特殊功能营养用充足、用合理、用到位。

3. 强弱兼顾

弱仔猪所特有的免疫空窗明显，多重应激严重，肠道屏障脆弱，恐新上料缓慢，转化能力不强，牙齿发育滞后等特点，决定了教槽料在进行营养架构的时候要偏重于对弱仔猪的呵护，但也不能忽视强壮仔猪的需求。在原料上要易消化、易吸收、易转化，也要生熟度、消化速率适宜；在营养平衡上，在兼顾宏量营养的同时，要强化特殊功能营养应用；在工艺配置上，粉碎粒度、熟化度、颗粒硬度等要适宜；在采食匹配上，要权衡静态与动态营养，做粉粒结合料型，兼顾强弱差异需求，让仔猪有采食选择；在营养衔接上，既要能衔接母乳，又能兼顾适应训练，还能平稳过渡到保育，尽量缩短适应转换时间。

营养转换与生理转换相匹配是仔猪健康和养殖经济的保障，基于此原则构建教槽生理匹配指数，能多维度、深层次地系统评估教槽营养的生理匹配性，并可反向用于指导教槽营养架构优化设计，尤其是针对弱仔猪独特的生理特点（图4-3），构建弱仔猪差异化营养体系具有重要意义。

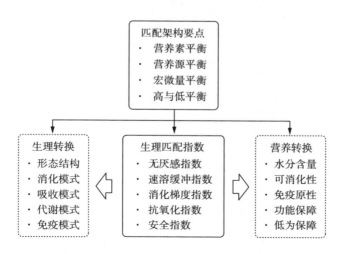

图 4-3 营养转换与生理转换相匹配的教槽断奶特殊营养体系

4.2 教槽料"八度"质量管控实践

本节内容是基于对教槽料的最新认知，是在笔者发表的文章①基础上升级而来。

4.2.1 教槽料品质的"八度"

品质提升是实现教槽料持续增长的必要条件和途径。过去，饲料企业关注的重点多是产品质量如何达标；现在，随着终端用户对品质的要求越来越高，企业的品质工作亟须升级，不仅要质量达标和稳定，还要进一步转向如何将产品做得更加精细精致，才能赢得更多的市场。鉴于此，除了要依照《饲料质量安全管理规范》、HACCP质量管理体系、ISO9001质量保证体系等进行质量管理外，还要从品质认知上进行升级，要对产品的品质定义、内涵与逻辑有进一步的迭代，才能制订出更有竞争力的改进计划。

对教槽料品质内涵的诠释多种多样，最广为人知的是"好品质＝好配方＋好原料＋好工艺＋好品控"，这样的品质认知更多的是从质量保证的角度来分析品质如何提升，不能说有问题，至少是不能满足新品质时代的更高要求。在产品品质需求引导生产的时代，需要基于养殖户对产品品质内涵的理解来进行创新。然而，由于养殖端对品质的认知主要是对产品的整体感觉，是主观的、未量化的、难以评估的认识，导致企业对产品品质提升的内容和改进程度很难进行判断。谁能挖掘到用户真实品质需求的量化指标和方法，谁就能成率先突破品质瓶颈和增长困局。历经多年实践总结，对教槽料的品质认知可从以下八个可量化的维度来清晰说明，即新鲜度、清洁度、细粉度、均匀度、熟化度、松软度、缓冲度和均质度。这八个维度是评价教槽料品质的关键属性指标，围绕这几个指标进行量化控制，就能有的放矢地实现更精准的品质管理。

4.2.2 新鲜度

新鲜度是判断饲料原料或成品从制成到使用的时间间隔长短及劣变程度的指

---

① 刘俊奇，周鑫磊. 饲料品质提升的"八度管理"经验与关键点浅析［J］. 饲料研究，2017（17）：47－52。

标。新鲜度对适口性和消化率有重要影响，能最直接地决定养殖户对教槽料价值及优劣的判断。评价新鲜度最简便的方法是从外观（颜色、光泽、饱满度），气味（霉味、酸味、酒味、臭味），手感（硬度、容重、成团性），口感（苦味、酸味）等感官方面进行判断，但由于感官评价存在主观性，且十分依赖品控人员的实践经验。因而，常会出现对同一原料或成品，由不同的人做出合格、不合格两种截然不同的结论。为了避免太多的人为因素干扰，饲料企业需要为评价新鲜度寻找客观、量化、简便的方法，以确保对品质的准确和稳定评估。

在储存过程中，原料的营养组成（蛋白、淀粉、脂肪等），生物活性（种子活力、酶活），代谢产物（乙醇、有机酸、醛、过氧化物等）等都会逐渐发生变化，这些营养物质的分解、代谢产物的积累量和生物活力的丧失程度就能反映出原料的储存时间长短、储存条件好坏及劣变程度。同时，根据这些物质与饲料的适口性和营养价值的相关性，就可找到具有实践价值的特征性新鲜度指标。例如，玉米可以选择脂肪酸值、过氧化氢酶活性、四氮唑盐染色率等作为特征性新鲜度指标；豆粕可以选择脲酶活性、过氧化值等作为特征性新鲜度指标；鱼粉可以选择总挥发性盐基氮（TVBN）、脂肪酸值、组胺等作为特征性新鲜度指标。储藏期间，原料中的淀粉、蛋白、脂肪、芳香物质在酶和微生物的作用下会不断分解，其中脂肪的分解速率最高，且分解后的脂肪酸易氧化酸败，产生的醛类和过氧化物能对其他营养物质造成进一步破坏。因此，在原料还未出现明显感官劣变前，脂肪酸值可作为主要的特征性新鲜度指标。原料的脂肪酸值有先上升后下降的规律，上升期主要由脂肪酶催化分解甘油三酯等释放脂肪酸，这一阶段原料的品质并未受到较大破坏；下降期是由微生物繁殖消耗了脂肪酸，在这一阶段，多数原料都会出现感官上可辨别的劣变。用抗氧化剂来防止酶促酸败是不可行的，它只是用于延缓金属离子催化的非酶促酸败，对于脂肪含量较高的且粉碎过的原料需要采用高温处理方式来灭活脂肪酶和脂肪氧化酶活性，延缓脂肪酸酸败氧化，以增加保质期，而对于热敏性高的原料，如维生素、酶制剂、微生态制剂等需要低温保藏以延缓其养分破坏。在检测方法上，还可使用红外光谱仪对劣变成分的官能团（羰基、羟基等）进行定量检测，作为原料陈化度的判定指标。除了上文所述的特征性新鲜度指标外，谷物籽粒的发芽率，以及挥发气体中的特征物质、维生素 E、还原糖等的含量都可用来判断原料的新陈度。

成品的新鲜度不会高于原料（主要指玉米、豆粕、鱼粉等单一饲料原料）的新鲜度，因而，确保采购及储存原料的新鲜度达标就尤为重要。由于原料来源多样，且饲料企业需要常年采购，就会出现批次间的新鲜度变异较大，究竟能不能入库，单凭感官检验很难判断，尤其当原料较为紧张，只能采购一些感官一般的原料时。如陈化粮，就需要从原料的特征性新鲜度指标上进行定量判定能否使用。由于粉碎对原料结构的破坏及多种原料的混合，导致成品的劣变速度明显加快，尤其是油脂含量较高且使用无机微量元素的饲料。无论是原料，还是成品，它们的新鲜度一直在降低，为了更好地保障使用效果稳定，最好能实现订单生产，现产现用。对于不能实现的，要做好生产计划，尽量缩短从生产到饲用的时间，以确保成品新鲜。成品和原料都存在最佳保鲜期，即不会对品质造成重大影响的从生产到使用的时间间隔。最佳保鲜期都比标签的最长保质期要短得多，如果超期使用，常会出现同一批产品刚开始饲喂时效果良好，一段时间后效果明显下降的现象。教槽料的最佳保鲜期受原料新鲜度、原料组成、加工方式、抗氧化剂用量、包装方式、码垛高度、储存条件等影响，并不是个恒定值，需要在成品储存过程中高频次监测脂肪酸值、过氧化值等特征指标的变化，以确定最佳保鲜期。例如，用玉米作载体生产核心预混料，需先将玉米膨化处理，灭活脂肪酶和脂肪氧化酶，同时使用经微囊包被处理的有机微量元素和足量抗氧化剂，以及真空包装，即可有效延长产品的保鲜期。

4.2.3　清洁度

清洁度是衡量原料和成品中非营养成分及有毒有害物质（主要包括霉菌毒素、重金属、致病菌、熏蒸药剂残留、农药残留、抗生素、秸秆、泥土、砂石等）含量的指标。清洁度会对教槽料的诱食性、适口性和仔猪健康产生直接影响，对于能造成健康危害的物质含量，检测人员单从感官上很难判断，而对于嗅觉敏感的猪来说，毒物稍微过量就会让教槽料的采食量下降。因此，要想仔猪能愉快地大量采食，必须确保产品的高清洁度标准。清洁度的主要量化指标，在国家相关饲料卫生标准（GB 13078—2017）中已做出了详细规定，这里不做赘述，在此仅对如何进一步提高产品的清洁度做出详细说明。

霉菌毒素含量是谷物类原料清洁度的重要评价指标。为了达到高目标清洁度的要求，需要从以下三点着手：①清理除杂，去除食用价值低、霉菌含量高的秕粒、破碎粒、霉变粒、病斑粒、虫蚀粒、秸秆、泥土、砂石等。因为这些杂质的抗菌能力多已丧失，是霉菌繁殖的良好基质。另外在装卸、入仓时，原料多会自动分级，致使杂质聚集而加速原料霉变。因此购进的原料都需要先清理后再入库。一般要求清理后的原料含杂量不超过 2.0％，霉变粒不超过 1.0％，霉菌毒素含量不超标，最好能低于国标的一半。采购原料时，不能贪图便宜，购买含杂量过高（≥5.0％）的原料，因为含杂量越高，清理难度越大，有些即使经过多次、多重设备清理也不能达标。现阶段常用的清理设备有粮食清选机、色选机、种子精选机、脱皮机等，建议有条件的企业要重视清理设备的升级和使用；②注意控制堆放高度和托盘间距，实践中的堆放高度需要根据原料水分含量、温度湿度和周转周期来确定最佳高度；③水分含量高的原料要烘干，并适时倒仓，以平衡水分、降低温度；改善仓储条件，控制储藏温湿度，现在已有不少饲料企业建起了低温库房，专门储存膨化大豆、鱼粉、豆油等不耐高温的大宗原料。

总挥发性盐基氮（TVBN）含量是鱼粉、发酵豆粕等高蛋白原料的清洁度（或新鲜度）的重要评价指标，它反映原料中蛋白的分解程度及其中细菌的繁殖状况。一般要求仔猪料专用鱼粉 TVBN≤100mg/100g，才能确保教槽料有稳定的效果和足够的保鲜期。另外，动物性饲料原料中沙门氏菌污染也是导致动物疾病高发的重要原因，有报道检测经长期储存的鱼粉的沙门氏菌阳性率高达 14.4％～36.4％，按《饲料卫生标准》（GB 13078—2017）要求是不能检出的，因而使用这些动物性原料时要进行高温灭菌处理，才能保障产品的安全性。

针对保证原料清洁度这一方面，仅关注原料中有害物质的多少是不够的，还需注重不可消化、不可转化养分的比例，即要杜绝原料的掺杂掺假，这需要专门论述，在此暂不涉及。

导致成品清洁度不足的隐患点主要有：①没有良好的采购计划，致使原料长时间贮存而变质增加；②没有做到原料先进先出，致使某批原料长时间贮存而导致品质变低；③多种产品使用同一生产线，没有做好生产顺序安排和生产前设备清洗，导致交叉污染；④生产设备未按时清理，致使残留饲料结块霉变而进入成品中，一般设备停机一天以上都要在生产结束后清理，尤其是夏季；⑤蒸汽系统设计缺陷或制粒工操作失误，致使调制过程中水分过高而霉变风险增加；⑥贪图小利，刻意增加成品水分，致使霉变风险增加；⑦生产现场管理不到位和工人马虎大意，致使烟头、绳头、刀片等异物进入成品；⑧违规使用违禁原料。针对上述隐患点，企业应该结合实际情况制订出合理的改进措施，以确保使用清洁的原料，最终做出清洁的产品。

4.2.4　细粉度

细粉度即粉碎粒度，在《仔猪、生长育肥猪配合饲料》（GB/T 5915—2008）

中要求粉料 99％通过 2.80 mm 编织筛，1.40 mm 编织筛筛上物不得大于 15％，是对产品粒度的最低要求。随着养殖端对产品外观品质和消化率要求的提升，饲料企业应该对粉碎粒度给予更多的重视。基于当前粉碎设备的加工水平，一般要求采用四层筛法测定粉状全价配合饲料的几何平均粒度要达到 400 μm，且 95％以上通过 30 目筛。生产中一般用筛片的孔径来衡量粉碎粒度，粉碎粒度随着筛片的孔径减小而减小，进一步地，可以通过调整筛片的开孔率、厚度、使用周期来调节粉碎粒度。一般要求加工仔猪料的筛片孔径要达到 1.00 mm，且需要经过二次粉碎，生长育肥猪料的筛片孔径要达到 1.50～2.00 mm，饲料的消化率和动物的肠道健康状况才会较好。虽然减小筛片孔径会降低粉碎效率、增加生产用电成本，但却有利于原料在调制制粒过程中热变形和熟化程度的提升及制粒质量的提高。除了谷物类原料外，鱼粉、白糖、盐、柠檬酸钠等也需要粉碎，例如呈味剂如果颗粒太粗，食用时不能立刻溶化，会影响味感产生，不能很好地提高采食量，一般要求需过 100～120 目筛。

粉碎粒度过低仅是猪患胃溃疡的非主要诱因，而更为重要的因素是日粮中纤维过低、缺硒、缺维生素 E、高铜、霉菌毒素高、劣质鱼粉，以及病菌感染和应激等。为了减少低粉碎粒度对胃肠健康的影响，尤其是仔猪阶段，需要将原料的熟化度尽量做高，特别是难消化的玉米，才能更好地减少对消化道的刺激。实践结果表明，上述推荐的粉碎粒度并没有明显增加猪患胃溃疡的风险，可以借鉴使用。

4.2.5　均匀度

混合均匀度是影响饲料安全性和有效性的重要指标。现阶段，一般要求全价配合饲料的混合均匀度变异系数（CV）≤7％，预混料的混合均匀度 CV≤3％，此标准相较国标 10％和 5％更为严苛一点。对市场上多家企业生产的全价配合饲料、预混料的混合均匀度进行抽样调查发现，全价配合饲料的混合均匀度 CV≤7％的比例不足 50％，预混料的混合均匀度 CV≤3％的比例不足 40％。可见，多数企业仅在提升均匀度这一项就有很大的改善空间。混合均匀度过低，尤其是微量饲料添加剂，如维生素、微量元素、保健品、甜味剂等的不均匀混合会严重影响动物的采食和生长，甚至产生毒害作用。混合均匀度受混合机类型，混合机的装载率，混合时间，物料的物理特性（粒度、容重、颗粒表面粗糙度、流动性和水分含量等），物料的添加比例及投料顺序等影响。因而，为了进一步提高混合均匀度，除选择混合性能更好的设备外，在生产加工过程中还要特别注意微量物料的逐级稀释，减少物料的粒径差异，遵循先多后少、先重后轻的投料顺序。根据配方的差异设置最佳的混合时间，以及减少混合后物料的输送距离，才能最大程度地提高均匀度。

在评价均匀度的指标中，还有一项就是饲料中各组分的粒度一致性，它一方面影响混合的均匀度，另一方面还决定产品的外观品质，因而，在生产时所有需要粉碎的原料可以采用混合粉碎的工艺来改善粒度一致性，或单独采用更精细的粉碎。

4.2.6　熟化度

熟化度即饲料中淀粉、蛋白受热变性的程度以及抗原的灭活程度。饲料的熟化方法包括膨化、膨胀、蒸汽压片、蒸汽调制、烘焙、微波加热等。当前，饲料企业多采用蒸汽调制和采购膨化原料的方式来生产具有较高熟化度的产品。提升饲料熟化度可通过延长调质时间、提高调制温度、增加原料水分等方法，部分企业已将二层调制器改为三层，以延长调制时间，有的甚至在制粒后还加上了"后熟化"保温器，通过料的余温来继续熟化。当前蒸汽调制工艺的温度普遍在95℃以上，生玉米经过60 s以上调制，淀粉糊化度可达40%以上，再加上15 min后熟化工序，淀粉糊化度可达60%以上。由于水分含量的制约，通过蒸汽调制方法来调制低水分原料还不能实现淀粉的完全熟化。另外，淀粉的回生是需要特别注意的，生产中可使用多种表面活性剂和乳化剂来抑制淀粉回生。通过熟化工艺可灭活大豆类原料中的大部分抗营养因子，尤其是在仔猪料中，即使使用了膨化大豆、膨化豆粕，仍需要在调制工序中将其包括在内。如果以脲酶活性标示豆类的熟化度，则要求脲酶活性为零，才能确保产品的品质稳定。鱼粉的蒸汽调制也十分必要，因为经过长期储存，不可避免地会有沙门氏菌等有害菌污染的风险，需要通过加热处理来杀灭病原，减少疾病传播。

熟化度的提升，有助于饲料适口性、消化率和安全性的改善，是提高产品品质的重要途径。饲料熟化可以充分呈现食物特有的清香气味，有利于采食量的快速提升；提高消化酶对饲料的酶解作用，增加消化率；减少抗原对动物消化道的刺激，降低腹泻率。对于幼龄仔猪，熟化度是决定饲料的生理匹配性的关键。

4.2.7　松软度

松软度指颗粒饲料的硬度及口感酥脆性，它是反映制粒工艺质量及食用品质的综合指标。饲料颗粒硬度是指用硬度仪来测定压碎颗粒时的瞬间最大压力，根据饲喂阶段及投喂方式的不同，对饲料颗粒的硬度的要求有所不同，以仔猪料为例，采用人工饲喂，颗粒硬度在 20～30 N；采用机械饲喂，颗粒硬度在 40～50 N。

除饲料配方外，决定颗粒硬度的因素主要包括粉碎、膨化、加水、喷油、蒸汽调制、后熟化、后喷涂、干燥冷却等生产工艺。在上述因素确定时，还可通过制粒机的参数设置来调整颗粒的硬度，制粒机环模的孔径和压缩比能显著影响颗粒的硬度，相同孔径，压缩比越大，颗粒硬度越大，一般生产仔猪料环模孔径 2.5～3.5 mm，推荐压缩比 3.5～5.5；生长育肥猪料环模孔径 3.5～5.0 mm，推荐压缩比 4.5～6。饲料配方方面，可以通过调整面粉、次粉、乳化剂、膨松剂等的用量来调节颗粒的硬度及酥脆性。可以推测，随着高端设备的普及和生产效率的提升，未来的饲料加工技术会越来越向食品生产靠近，注重每一个细节，真正做出"饼干料"。

4.2.8　缓冲度

在教槽断奶特殊营养体系章节中引入了缓冲指数概念，与此处的缓冲度定义类似，这里再次重点强调一下相对容易做到的酸碱缓冲。酸碱缓冲能力是又一重要的决定饲料品质的因素，它有两层含义，第一是指饲料本身的 pH 稳定能力，第二是指饲料代谢后的产物对机体内环境的酸碱性影响大小。饲料的酸碱缓冲度由其中的酸性和碱性物质共同构成缓冲体系。在生产仔猪料时，需要使用缓冲能力强或对 pH 影响小的酸碱调节剂，如使用有机钙、包被耐酸氧化锌等，以减少饲料中的碱性物质释放，同时通过酸度调节剂将饲料的 pH 稳定在 5.0～6.0，以促进采食和保障肠道健康。

饲料代谢后产物的酸碱性可以在很大程度上影响仔猪的代谢和生长速度，代谢酸碱性主要通过电解质平衡来调节，乳仔猪阶段饲料的 dEB 值以 100～300 毫摩尔/千克为宜，生长育肥猪阶段以 250～350 毫摩尔/千克为宜，泌乳期母猪饲料的 dEB 值可以降低到 0～100 毫摩尔/千克，以促进钙动员，提高血钙含量。

4.2.9　均质度

均质是食品生产中经常要运用的一项技术，是使体系中的分散物微粒化、均匀化的处理过程，起到降低分散物尺度和提高分散物分布均匀性的作用。对于固态饲料的均质度衡量，可从物料颗粒粒径分布集中性和混合的变异系数两个方面来量化，饲料的均质度是对细粉度和均匀度的综合评判。目前，饲料的固相均质设备已有相关应用，如果需要进一步升级产品内在品质，饲料企业还应在设备升级上下功夫。

换一个角度，对均质度的理解还可从产品的质量均一性和稳定性上来看。均一性和稳定性是养殖户评价饲料品质的重要标准，是饲料企业能否与客户达成长期合作的保障。换句话说，就是用户要求同一批次产品具有相同的品质，不同批次产品也要具有相同的品质。与均质度相反的就是质量的变异度，是评价不同批次产品间各类品质指标稳定性的反向标准，变异度越大，说明产品质量越不稳定。为了减小批次内变异和批次间变异，在生产过程中，饲料企业要时刻监测每批次原料和成品的新鲜、清洁度、细粉度、均匀度、熟化度、松软度和缓冲度以及重要营养指标的变化。如果超过合理范围，要及时查找原因，并排除故障。为了实现原料和成品的主要营养指标的实时监测，部分企业已开始使用近红外光谱仪来进行快速高精度在线检测，对提高产品的品质一致性非常有帮助。

饲料企业不缺质量管理制度，缺的是具有实操性的品质提升技术。教槽料品质提升的"八度"质量管控，正是在生产实践中总结的简便易行的经验和方法，是站在养殖户的角度，对影响饲料品质的主要因素的全方位概括。通过对"八度"中各关键点的把控，可以有效减少冗余管理，提高管理效率，更好地提升产品品质（图 4-4）。

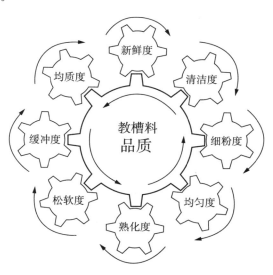

图 4-4　教槽料"八度"品质管理环环相扣

4.3 功能型教槽料的设计开发

一直以来,进行有依据、有内涵、有系统的饲料产品设计开发是许多饲料企业的弱项。点子创新、跟风模仿、补丁产品已经不能适应行业向更高层次发展的要求,那么,应该如何拓展产品的开发逻辑呢?本节将以功能型教槽料的设计开发为案例,详细论述饲料产品设计开发的基本原则和具体步骤等重要细节,让读者清晰掌握产品设计开发的全过程。

4.3.1 教槽料设计开发的基本原则

有效的产品设计开发都是有规律可循的。凡是市场上叫得上名字的教槽料,不管是从外在的名称和宣传语,还是内在的营养配置和品质,给人的感觉总是那么舒适,一看一听就是好产品。但究竟好在哪里,为什么这么好,却很难说得清楚。通过深入研究发现,这些产品的整体实现过程都进行了系统规划,能出名绝非偶然事件。归纳起来,所有优秀产品的设计开发都遵循了以下基本原则。

1. 营养逻辑化

随着行业升级发展和需求的日益广泛,要做好一款教槽料所需的营养技术知识越来越多,随之而来的就是在应用这些知识处理教槽营养难题的过程中,常出现逻辑不清晰、应用不顺畅的现象,导致诸多问题不能得到有效彻底解决。为了在复杂的因果关系、主次关系、相关关系、从属关系等关系网中找到解决问题的实践路径,有必要从逻辑学的角度,针对各类需要实现的目标和要解决的问题,回归营养的本质。在仔猪营养需求规律和市场价值规律基础之上,重新理解和梳理仔猪生长发育与各种营养素、营养源以及经济效益之间复杂的相互作用关系,构建产品设计、生产和使用逻辑。这也正是本书一直在强调的营养逻辑化,其目的就是让所有资源在同一逻辑下运行,达到认知统一、目标一致、结果确定的状态。

2. 功能集成化

随着终端养殖对教槽料解决问题能力的要求日趋严苛,过去的功能不明确、不突出、不全面的产品越发不能满足用户需求。教槽料是一个由超多组分架构,需要匹配多种功能的产品,在性能上,必须做到面面俱到,并且还要可圈可点,既要能吃，不拉稀，又要健康，外观漂亮，还要能减少应激……在教槽料所需的功能特性之中，有些是必须具备的标配，有些则是塑造差异化的"护城河"。那么，应该如何给教槽料加载如此多的功能呢？是不是在配方里用上了具有相关功能的原料就万事大吉了呢？在特殊功能营养集成逻辑一节中，详细探讨了为何要集成、如何做集成、集成可解决的问题，这里不再赘述。对于必须由数百种原料构架而成的多功能教槽而言，通过简单的混合思路必定是无法解决一定会存在的营养拮抗和冗余问题的，因而必须采用以实现确定效果表达为目标的协同营养架构系统才可以。换句话讲，就是要做功能集成，通过适宜的工艺对必需功能营养进行处理，使各组分能在适宜的生理条件下发挥作用，并且相互间具有良好的协同性。确保功能营养与饲料原料的营养素、营养源相互配合，共同增效，进而满足仔猪最优生产性能和机体健康的需要，让教槽料表现出确定的功能效果及问题解决能力。

3. 保障系统化

营养逻辑化和功能集成化更多是针对教槽营养构架阶段的操作原则，而在具体的落地生产阶段，要确保设计功能和目标质量的百分百达成，需要对产品生产的各个环节提供可操作、可执行的保障系统。教槽料是最需要精细化加工的产品，只有对细节的极致追求，不怕麻烦，才能做出精品。教槽营养价值保障系统化，基于实际生产情况与影响品质的关键问题，以实现确定的成果为目标，需要从原料评估标准、预处理控制、"八度"属性控制、关键生产过程督导、关键操作规范落地、关键参数核查等多个方面，配备完善的保障体系，确保能系统完整地实现产品方案。然而，很多企业依然面临着保障落地不到位的问题，即使是那些各项规章制度完善，上墙文化做的很好的企业也是如此。归根结底还是从上到下对品质的认知深度不足，对做饲料这份工作或者工人不够尊重。确保产品质量稳定，成果稳步提升，持续高价值交付，为养殖带来看得见的效益改善，不能成为一句空话，是要踏踏实实去做的一项系统工作。为此，新逻辑营养在为饲料企业打通教槽营养逻辑，在做好功能营养集成应用的同时，对深度战略合作伙伴，还会深入贯彻教槽料品质保障督导，真正帮助企业打通研发、生产和品质，让做好教槽料不再困难。

4.3.2 教槽料的核心价值是解决问题

养猪为什么要使用教槽料？能否抓住这个问题的关键，决定了能否设计开发出最具竞争力的教槽料。对于这个问题的回答也很多，比如，提前教槽，提早适应饲料，减少断奶掉膘，减少断奶腹泻，减少死亡，提高生长速度，缩短出栏时间；仔猪早断奶，缩短哺乳期，提高母猪繁殖效率。分析发现，大部分的答案都是站在人的角度来看问题，不能说有错，但多停留在表面，没有触及问题的根本。尤其是对仔猪来说，吃教槽料的必要性和重要性解释的还不够透彻。也正是因为对教槽料价值认知的深度不够，才导致不少猪料企业觉得教槽料没啥好研究的，因而认真专注做好教槽料的企业也就越来越少，转而投入大部分精力去研究中大猪料降成本的企业越来越多，教槽料最终沦为企业里的补充产品，可有可无。同时，科研单位和高校的研究成果多数与生产实际结合度不高，推广应用困难，全行业的教槽料技术水平近年来实质上一直处于不进反退的状态。在这样的背景之下，猪场无好用的教槽料已经成为一个现实。另外，不少猪场对教槽料的价值认知也不到位，选用教槽料的评估标准也很模糊，无法形成用户倒逼企业升级的力量，导致很多平庸的教槽料还得以存在。教槽料平庸的时间太久了，必须要改变。要改变现状，关键在于认知升级，包括猪场和饲料企业对教槽料价值的认知，以及营养配方师对教槽营养逻辑的认知。

教槽料的最终价值都需要仔猪的状态改善来体现，因而，教槽料的设计开发原点就在于通过匹配教槽营养来解决仔猪在生长发育过程中遇到的各种难题。站在仔猪的视角分析教槽断奶难题，有至少四大类十二项，分别是差异难题，包括强弱差异、体重差异、健康差异；采食难题，包括恐新难题、诱食难题、采食量低难题；应激难题，包括疾病应激、混群应激、营养应激；营养难题，包括适应难题、消化难题、腹泻难题等。对每一个难题的有效解决都是教槽料升级创新和打造差异化竞争优势的关键。例如，为了解决差异难题，新逻辑营养创新性地开发了粉包粒型教槽料，综合了粉料前期诱食上料快，粒料后期采食量大的优点，以及规避了粉加粒料在运输、投喂过程中容易分级的劣势，通过差异均衡化营养架构设计，采用调质热黏合工艺保证粉料可以紧紧地包在颗粒料上，外层粉料诱食性好，核心颗粒料生熟适宜，锻炼肠胃，缩短过渡时间；适宜弱小仔猪舔食，有效提升断奶后前5天采食量；遵循强弱仔猪采食先后之规律，兼顾强猪的生长营养需求和弱猪的健康营养需求，特别拯救弱小仔猪，提高猪群均匀度。同时，产品的使用方式也很灵活，干料饲喂，方便且颗粒酥脆不伤牙，粉无尘不呛鼻；湿拌料饲喂，口感丝滑，不糊嘴，采食量大；液体饲喂，乳化不分层，易教槽。粉包粒教槽料真正是以猪性的需求来设计，不仅给仔猪极致的采食体验，还完美实现了教槽、断奶、保育的无缝衔接转换，一并解决了营养应激难题。如果有可能的话，还可以设计三个配方，分别匹配强壮、中间、弱小群体的需求，能更好地解决差异难题。除此之外，解决教槽料面临的其他难题的关键在于功能营养集成应用。比如，要全面解决采食问题，需要至少七维采食调控；要解决腹泻问题，也需要至少七维肠道健康调控，这里的每个维度都涉及多种功能营养，因而，必须掌握其中的集成逻辑才能做出功能明确、问题解决彻底、体验效果突出的教槽料。

猪场的仓库里再也不需要多出一包平庸的教槽料，如果只想做一款不出问题，而不能解决问题的普通、大众化教槽料，还不如不做。教槽料如果不具备问题解决能力，仅是满足能吃，不拉稀，这样的产品其实很好做。如果大家都这样做，对猪场来说就是多余的，对企业又不能上量赚钱，又有什么意义呢？

4.3.3 教槽料必须有灵魂

从市场营销的角度看，什么样的教槽料才算好？自然是好卖。好卖的教槽料的基础是好用，也就是前面提到的能解决教槽断奶问题。然而，仅仅是好用还不够，尤其是在这个酒香也怕巷子深的时代。好卖的教槽料必须要有灵魂、有生命，才能被用户主动传播，才能有强大的消费决策的影响能力。那么，什么是教槽料的灵魂呢？归纳起来，就是符合产品自身特质的产品定位、价值主张、支撑要素、体验要点和体验呈现。在需求引导生产的时代，不是企业生产什么产品，消费者就购买什么产品，而是需要基于细分的消费需求，有针对性的产品才有可能被购买。在这方面，很多饲料企业做的还很不到位，甚至还没有这样做的意识，进而造成市场上的教槽料多以不出问题为主，缺乏差异化，宣传千篇一律。先有产品，还是先有灵魂？过去，可以是先有产品，然后再为产品去找灵魂；现在，先构架产品灵魂，再去实现产品，才能最大程度地减少试错成本，增加成功概率。为产品锻造灵魂是一项有步骤、有技巧的系统工作，为此，需要专门搭建教槽料全流程开发系统，才能更有效地做出更多有生命、有灵魂、有价值的教槽方案。

定位就是给产品找坐标，教槽料的定位最为关键，定位不准，销量不稳。教槽料的定位需要从多个维度来看，才能定位清晰，如客户定位，包括规模猪场，家庭农场，小散户；使命定位，包括拳头产品，补充产品，引流产品；周期定位，包括短线产品，长线产品；功能定位，即主要解决的问题，如采食难题、应激难题、抗病脱僵难题等；成本定位，如高、中、低等；效果定位，如普通解决、强力解决、超强解决等；饲喂方式定位，如干法饲喂、湿法拌料、液体饲喂、人工饲喂、料线饲喂等；料型定位，如无尘粉、软颗粒、粉包粒、破碎粒、糖包粒等；竞争地位定位，包括引领者、挑战者、跟随者……仅从如此多的定位来看，如果每个企业都把定位落实到位，想把产品做同质化都难。定位主要是对内让生产者有清楚的认知，今后所有工作都要围绕定位来做，防止跑偏。接下来就是对外，让消费者简单、有效地了解这是一款什么样与众不同的教槽料，也就是价值主张。价值主张必须具有唯一性、独特性和创新性，最好从产品能解决的难题中抽提，并用场景化的语言描述出来，才能让用户在遇到相同难题的时候，第一时间能想起你的产品。比如，×××产品，一撒就吃；×××产品，抗病脱僵；×××产品，护肠止痢……接下来，还要构建为何能达成产品定位和价值主张的支撑要素，也就是要保证所说的每一句话都有凭有据，能为用户立下信任状。支撑要素可以从重要技术、关键工艺、有效措施等方面来归纳，支撑要素也不宜过多，三点就足够。最后，就是产品体验、体验要点和呈现方式也要围绕产品定位、主要功能和价值主张来做，依然不宜过多。比如，一款扶弱脱僵的教槽料，要点就是对弱仔的救护能力，需要将弱仔分群饲喂便于体验，而不要再强调产品的采食量、料肉比等，唯有此才能让用户有物超所值的感觉。

如此费劲地为产品打造灵魂系统，核心目的是要让技术、生产和市场在同一逻辑下运行，能一致性地贯彻产品的定位、主张、标准、语词和视觉要素等。如果不这样做，还是按照过去的粗放式老思路，无套路地做产品，永远都做不出真正属于自己的、具有生命力的教槽料。

4.3.4 教槽方案落地实施步骤及要点

教槽料是策划艺术和营养技术含量非常高的产品，无论是产品定位锁定、价值主张创意、配方架构设计、原料预处理、工艺选择、质量把控等一系列环节都十分重要。然而，多年来由于无法掌握关键环节的操作精髓，想要做好教槽料几乎已成为所有饲料企业公认的难题。需要强调的是教槽方案能够落地的前提是产品定位要精准，要同时满足目标客户需求、与竞争对手有差异、符合自身的优势，能同时满足上述三个方面要求的定位才是最好的定位。另外，支撑定位实现的技术要齐备，否则做出来的产品也只是空中楼阁，不堪一击。在精准定位和技术完善的前提下，教槽方案落地有哪些重要实施步骤？每个步骤中的核心要点和注意事项有哪些呢？这些同样是关系到产品成败的关键，下面就为大家深度剖析一下其中的奥秘。

1. 架构配方

配方是产品定位和营养技术逻辑化统筹设计的最终外化结果，架构配方不仅仅是计算营养指标。一个好配方，用不出好效果，往往是因为我们不知道背后的逻辑。优秀的营养配方师不一定是合格的产品经理，现在做产品需要配方师不仅要精通营养专业，还要懂市场，会产品定位。在进行教槽配方架构时，需要在遵循基本的营养逻辑基础之上，灵活应用教槽断奶特殊营养体系，构建满足不同定位的营养架构模型。教槽营养架构通常有以下要点：在原料选择方面，要易采购、宜生产、好品控、宜仓储；在营养匹配方面，要低灰分、低碱储、低抗原、低毒素、低氧化、低渗透、高消化、高缓冲；在营养平衡方面，要多元营养、梯度营养、生熟平衡、热凉平衡、离子平衡、酸碱平衡……配方看似简单，背后却蕴藏着对各种影响因素的全面深度思考和权衡。由此可见，配方架构的核心是其中缜密的营养逻辑，是集艺术性与技术性于一体的创造性工作。

2. 功能技术

功能技术是能支持产品设计买点、卖点和效果充分达成的，能满足仔猪断奶前后特殊生理阶段需求的特殊功能营养集成技术。教槽断奶阶段，需要使用很多在其他阶段很少使用的营养源和营养素，要搞清楚这么多营养的互作逻辑关系。就如同在做一个精密的芯片一样，技术难度可想而知，功能集成自然也就成为功能型教槽的核心技术。每一款教槽料的价值主张不同，要解决的主要问题也不同，因而，需要强化的功能技术也各不相同。例如，要建立良好的采食偏好，甚至只吃自己的，不吃别人的，需要依据仔猪的营养喜恶逻辑匹配营养源和营养素，至少从三个方面来做：首先，仔猪先天本能拒绝有害物质，就要做好基础品质，杜绝劣质原料；其次，仔猪内有所缺，必外有所求，提供机体极缺的特殊功能营养，自然抢着去采食；再次，将教槽料做的美味可口、无厌感，通过采食过程激活奖赏中枢，建立更为稳固的享乐型采食偏好。为了实现奶肠低应激转换成料肠，需要基于肠道四大屏障转换的营养需求匹配营养源和营养素，针对机械屏障，采取营养上皮细胞和稳固肠黏液层；针对免疫屏障，采取营养免疫细胞和平抑过敏反应；针对化学屏障，采取酸碱缓冲平衡和外源辅助消化；针对生物屏障，采取平衡肠微生态和全肠洁净。功能技术在应用时，一定要到位，切忌安慰式使用，唯有如此，才称得上有确定结果的功能教槽。

3. 原料评估

原料的符合性是支持配方架构落地的重要保障之一，就如同医生给病人看病，如果药物质量有问题，即使医生医术再高，也很难看好病。因而，要做出精品教槽料，必须使用精品原料，切勿贪图便宜，降低原料的使用标准，把教槽料当成大猪料来做。对教槽原料进行多维度评估十分必要，从稳定性、多样性、便利性、独特性、过敏原、毒素量、致病菌等方面综合评价，才能做出教槽原料是否可用的决定。这里并没有过分强调营养指标，因为它只是基础，还有其他许多需要关注的要点。例如，做好教槽料的一个重要途径是减小奶水到饲料的落差，很多人把重点放在了用什么原料能把营养水平做的接近母乳，而忽视了最为关键的把教槽料中有毒、有害、有刺激、不可消化的物质做的接近母乳。在原料安全性合格的前提下，谈营养水平才有意义。另外，教槽料需要大量使用的功能性原料评估也是难点。比如，功能蛋白的评估，单从粗蛋白含量高低上很难判断孰优孰劣，唯有通过实际的饲喂效果实证才能知晓；还有特殊功能营养评估，可参阅特殊功能营养集成逻辑章节进行，这里不再赘述。是否使用某一原料，应该是由产品定位和价值主张决定的，而不是由成本和价格决定的，只要该原料具有确定的效果和适宜的性价比，就应该被合理使用。

4. 工艺料型

与原料一样，工艺和料型都应是在产品定位和架构阶段就确定好的。未来，除了营养创新，工艺和料型创新也是教槽料升级的重要方向，如果企业有钱了在硬件上投资还是很有必要的。目前，基于常用饲料设备需要重点做好的教槽料生产工艺有清理、舒解预处理、"七化"（油化、糖化、盐化、酸化、乳化、肽化、舒化）、二次粉碎二次制粒等，可选择的料型有无尘粉、软颗粒、粉包粒、破碎粒、糖包粒等。一般来讲，设备不改动的情况下，能做的工艺和料型是有限的，可发挥的空间很小，这时就是考验配方架构能力的时候了，如果企业不方便做二次粉碎二次制粒循环生产，就需要选用高熟化原料，做一次制粒工艺。在料型上，不同的料型各有不同的优势和劣势，相互之间并没有严格的优劣排序，只要肯下功夫精雕细琢，所有料型都能做出有竞争力的教槽料。

5. 过程管控

过程质量管控是需要长期踏踏实实去做的，教槽料是最需要精细加工的产品。在教槽料"八度"质量管控实践和品质逻辑章节中，已经详细论述了质量管控的关键点和方法，此处不再赘述。

6. 科学饲喂

之所以强调饲喂过程，其重要目的是要确保教槽料的使用效果与体验结果的百分百达成，也是为了保证产品功能定位的完美呈现。仔猪是教槽料最为关键的体验者，主要的体验反馈必须从猪的表现上来找。因而在饲喂时，一方面要遵守产品的体验方法，另一方面还要遵循仔猪的生物学习性，才能将好产品用出好效果。科学饲喂的细节很多，例如仔猪胃容量小，单次采食量少，如果想增加采食量，建议采用分顿饲喂，一般每天要饲喂 5～6 次，少喂勤添，每次饲喂量要确保 30 分钟采食干净，这样不仅每次的采食积极性高，还能减少饲料浪费；仔猪只有饿了才会去采食，在母猪放奶前进行补饲，可增加教槽成功率；将仔猪饿一饿，采食积极性更高；每天清理一次料槽，保证料的新鲜可口，可维持采食兴趣；仔猪吃料前必须先学会喝水，补料先得补水，清洁充足的饮水可以提高仔猪的采食量，建议使用碗式饮水器，产床上的饮水器高度应适当，高 25cm 左右，流速 1.5L/min 左右，并且要时常检查是否堵塞；仔猪对环境温度要求较高，随着日龄的增长，对温度的耐受性会提高，猪舍温度要做到最佳体感温度控制，从初生第一周的 32～35℃ 逐渐过渡到断奶前后的 27～30℃；适当延长光照时间，可以提高采食量，推荐每天 16～18h 光照；对于具有扶弱脱僵功能的教槽料，需要将弱仔集中管理饲养，便于体验；红色料槽更容易吸引仔猪前去探索和试探性采食……另外，饲料企业的业务人员掌握系统的科学饲喂方法，不仅是为了更好地体验教槽料，可以更有效地卖料，更重要的是要能将这些技能转变为服务，为用户创造更多的附加值。如今已是 120 分主义时代，产品不仅要做到 100 分，还要再加 20 分附加服务，才能赢得更多用户的青睐。

聚焦于猪的一生中最关键的教槽断奶阶段，饲料企业应认识到教槽料对于养猪和企业实力打造的重要性，营养配方师要搞清楚教槽料与仔猪需求匹配的营养逻辑。基于市场差异化竞争战略，做好产品定位，并在此基础之上，对价值主张、技术要素、质量标准、体验要点、饲喂规范等重新逻辑化架构，以确定性功能结果为导向，做能解决教槽断奶问题的教槽料，做既好用又好卖的教槽料（图 4-5）。

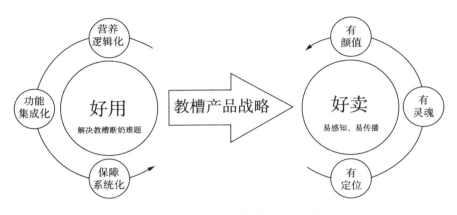

图 4-5　教槽料从好用到好卖是一项系统工程

4.4　保育猪群活力保障营养技术的研发与应用

降本增效已成为猪业发展的长期主题，猪料作为养猪成本的最大组成部分，必然要承受更多的压力。随着竞争日趋激烈，降本也已经从中大猪料延伸到了保育料，相比之下，保育料可用的原料替代降本方法不仅不多，而且普遍增效难以保障。在减蛋白、减品质、减功能的大背景下，保育料的效果体验已然难以为继，我们如何做才能让保育料走出"降本易，增效难"的困境，重拾产品的竞争力呢？

4.4.1　深度认知保育猪群的最大痛点

根据猪场的调研反馈，目前保育猪的最大痛点并不是采食、毛色、腹泻、生长、料肉比、成本等问题。确实，这些问题对于饲料企业来说，有些是必须解决的产品标配，如腹泻问题；有些则是大家做的都差不多，只管拼价格就行。在市售保育料把上述问题基本解决和相互之间普遍缺少明显差异的情况下，猪场对保育料的价值需求，相较饲料企业所能做到的产品体验，其实已经来到了一个更新的维度。

猪场已经不太关注单点问题，而是开始关注对猪群状态的整体感觉，他们自己总结的保育猪最大痛点是：猪群给人的总体感觉不好，概括起来就是缺活力，主要表现为猪群精神不振、难看、难养、难赚钱。尽管对猪群活力状态的理解，更多来源于人的主观感受，很难建立统一、明确的认知标准。但是，在竞争如此激烈，执着于单点问题解决，想做出明显差异已经十分困难的当下，如能率先从活力角度，建立并达成特有的活力体验，实现改善整体使用感受，提升保育料的体验，定能获得产品竞争力的新突破。为此，以实现良好的活力状态为目标来打造保育料，就需要从更多的、更高的维度来提升产品的综合竞争力，对局部问题要用整体思维来解决，才能让保育料告别大众化，实现脱颖而出，跳出红海竞争。

既然猪群活力已经成为猪场的核心需求，并且活力对于保育料的竞争力升级也如此重要，那么，究竟什么是活力呢？它的意义又有哪些呢？

4.4.2 深度认知保育猪群活力状态及其意义

保育猪群的活力体现在很多方面。血液指标上，猪群有活力，抗应激能力就强，应激水平就低，转氨酶水平就低；猪群有活力，抗病力就强，体内炎症就少，白介素-6的水平就低；猪群有活力，体内蛋白合成多，分解少，沉积能力就强，血清尿素氮的水平就低。生理状态上，猪群有活力，意味着内脏器官功能更强，肌肉生长强度更高，机体储备动用更少，外在表现就是多吃、多长、少排。感官状态上，有活力的猪精神良好，会表现出健康的红且长势喜人。养殖绩效上，有活力的猪，日增重更高，健仔率更高，料肉比更低，弱仔数更低。总结起来，猪群活力是对体内生理、生化状态以及外在的精神和生长状态，处于健康的综合概括。

保育猪群的活力对猪场、保育料和技术升级，都有重要的意义。

猪场只相信看到的，不相信听到的，猪场评价保育料优劣的最主要标准就是产品的增值能力。对于猪场来说，保育猪群有活力，可以让弱猪复壮，把不赚钱的弱猪养赚钱，可以让强壮的好猪，更多地长肉，更多地赚钱。只有猪群有活力，猪场才能多赚钱，保育料才有更大的价值。好看，好养，好保育，这样的产品对猪场才更有吸引力。

对于保育料来讲，猪群有活力说明了产品对解决换料应激、腹泻、采食量、健康、生长等难题的能力很强，是对产品综合价值升级的直观体现。与普通保育产品相比，在解决能吃、不拉稀、毛色不差等标配的基础上，猪群有活力就意味着营养转化速率和沉积效率更高，结果体验更明确，产品竞争力更强。

对于保育料技术创新来讲，群体活力是很少被明确关注和彻底解决的难题，因而，做活力能给产品拓展更多的创新空间，可以创造更多新的体验。另外，从根本上解决保育缺活力难题，对于获得更稳定的技术效果，更好地满足销售从价格向价值的升级需求，是强有力的保障。打造猪群活力，是技术升维的重要措施，是确保产品的竞争力暴增，是实现高维打低维的不对称胜利的重要途径。

4.4.3　深度认知保育猪群缺活力的营养原因

活力如此重要，应该如何让猪群能够保持活力呢？首先，我们需要研究清楚有哪些因素导致了猪群缺活力。导致保育猪群活力不足的营养因素有很多。

从教槽料使用上看，为了降低养猪成本，猪场开始对教槽料减量使用，过去一头猪断奶 4 千克，现在已经不足 2 千克，致使教槽过渡保育的过程中存在很多隐患，如弱仔多、腹泻多、换料慢、长速低等，这些也正是缺乏活力的表现。

从保育料开发上看，为了降低产品价格，保住利润，众多饲料企业开始调整保育料配方，最为常见的就是降低豆粕比例或者用各种非常规、难控制的蛋白原料替代豆粕。致使营养品质和产品稳定性降低，潜在的毒素、抗营养因子危害风险成倍增加，让猪群健康活力受到极大威胁。

从保育营养的功能活性上看，为了降低保育料配方成本，不少企业大量减少保命营养、免疫营养、抗病营养等功能营养的使用，砍掉了成本，也砍掉了效果，更砍掉了保障。再加上现代品种本身就抗逆性差，对营养的功能性要求更高，多因素叠加，最终致使保育猪的活力状态急剧恶化，导致猪难看、难养、难赚钱。即使没有减少各类功能营养的使用，依然有不少导致用不出活性的问题，如剂型不对，剂量不足，配伍不好，进而造成保育料的饲喂结果不稳定、不明确、不突出。从根本上讲，正是由于缺少了众多必需活性营养组分的支撑，才让保育料丧失了对猪群活力的保障。

从营养逻辑上看，我们缺乏对营养价值体外和体内双效协同的全面认知。现在众多企业大多关注到了体外的营养指标高低，而忽视了体内循环协同是否有效。营养循环协同不顺畅，猪群状态表现总是有缺陷，常常出现可以采食，但不一定消化；可以消化，但不一定吸收；可以吸收，但不一定沉积的现象。可见，营养的体内循环协同状态不仅关系到保育营养的整体效率，更关系到保育猪外在的活力状态表现，这是我们必须重点研究的领域。然而，受限于碎片化的营养认知，这一方面的研究和应用最为薄弱和滞后，成为阻止保育营养价值发挥的重大障碍。

营养是导致猪群缺活力的关键因素，那么，我们应该给保育猪群提供什么样的营养才能保障活力状态呢？

4.4.4　活力营养重启循环协同，保障健康活力

之所以如此强调体内的营养循环协同对活力保障的重要性，是因为它与保育猪群活力状态有着最为密切的相互作用关系。归纳起来，就是体内的营养循环协同状态与机体活力状态互为因果，相互影响，相互促进。体内营养循环顺、协同好，可以让机体有活力；机体有活力，可以让营养循环顺、协同好，从而形成正向循环。当然也可能进入负向循环，营养循环协同出问题，机体就会缺活力，进而又导致营养循环慢，协同差（图4-6）。基于对两者关系的认知，就可以通过合适的营养技术，调控体内的营养循环协同状态，实现对活力状态的管理和保障。

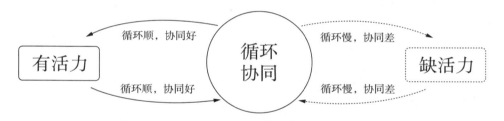

图4-6　体内的营养循环协同状态与机体活力状态互为因果

从遗传上讲，现代猪从采食、消化、吸收、转化，到沉积的体内营养循环协同，都是为长肉服务的，弱化了对抗病、抗逆的支持。再加上养殖条件时常不够舒适，应激因素很多，于是体内营养的循环协同时常紊乱，进而猪群容易表现出不在状态。

如果保育猪活力不佳，体内营养循环协同状态不畅，该如何解决？营养的问题，只有用营养才能有效解决。遗传和环境对于饲料企业来说，难以改变，我们能做的就是理清营养逻辑，做好营养供应，用更全面、更平衡、更充分的制剂化、小分子、活性态营养来支持保育猪群正常的营养循环协同状态，进而为活力提供全面保障。唯有活力营养，才能重启循环协同，保障健康活力。

4.4.5　保育活力营养的识别、筛选与集成应用

不是所有营养素都是活力营养，我们需要认真识别和筛选。要想有效识别，

就要研究清楚决定营养是否有功能活性的关键要素。要想快速筛选，就要研究清楚能确保关键阶段关键生理功能健康的关键营养。

活力营养的识别，主要包括三个部分或三个步骤，分别为分类、分态、分型。分类是指对安全合规的可用营养素和营养源，基于有无活性、有无功能的标准，进行分类。分态是指在分类的基础上，对有活性、有功能的营养进行状态评估，评判是否具有必需的活性状态及必要的稳定状态。分型是指基于不同营养的必需活性状态和稳定状态的条件要求，评价剂型的有效性和稳定性。对于需要稳定化保护的营养素，应匹配适宜的制剂化处理，保证活性的发挥。以常用的铁元素为例，在分类上，有无机和有机之分，一般情况下有机铁的活性和功能更好；对于有机铁，在分态上有机二价铁比有机三价铁更有活性；对于有机铁，在分型上做包被和微丸工艺的有效性不同，相同制剂工艺，不同厂家的稳定性也不同。

识别清楚了有活性、有功能、剂型有效、状态稳定的活力营养，我们还要根据不同阶段、不同生理特征、不同产品功能需求，来筛选出最适合的活力营养。例如，教槽阶段，重点解决诱食促食，需要适配活力营养；断奶阶段，重点解决过渡难题，需要转肠活力营养；保育阶段，重点支持内脏发育，需要内脏活力营养；育肥阶段，重点是长肉，需要长肉活力营养。尤其是保育阶段，如果内脏发育出问题，营养的体内循环协同，必然不顺畅，机体的健康活力状态也会掉线。因此，对于保育猪，我们更为关注与五脏发育有关的，不能少、不能停、不能换的活力营养素和营养源，如辅酶q10、谷胱甘肽、"九铁"合一（蛋白铁、小肽铁、甘氨酸螯合铁、蛋氨酸螯合铁、葡萄糖酸亚铁、柠檬酸亚铁、苹果酸亚铁、乳酸亚铁、卟啉铁）、"三硒"合一（酵母硒、纳米硒、蛋白硒）等。

维持和促进保育猪内脏器官正常发育，全面重启体内的营养循环协同，所需的功能活性营养素不止一种，简单地混合使用，有效性会大打折扣。如何将众多的保育活力营养做出最大的价值呢？为此，我们开发了活力营养集成应用系统，以实现确定效果表达为目标，采用适宜的活化工艺对多种活力营养进行处理，保护稳定的化学结构，保证在饲料中、消化道中和机体内有活性。同时，基于模块架构的集成生产，匹配协同，弱化拮抗。在充分考虑最适需要量和最佳效果量的前提下，制订最佳的集成应用方案，有效解决活力营养难处理、难生产、难使用的问题。

4.4.6　活力保障营养技术的技术逻辑及细节

基于对保育猪群活力状态、循环协同、内脏发育等相互之间复杂营养逻辑的深刻认知，以及在此基础之上建立的识别、筛选、集成应用系统，新逻辑营养开发了活力保障营养技术（图 4 - 7）。

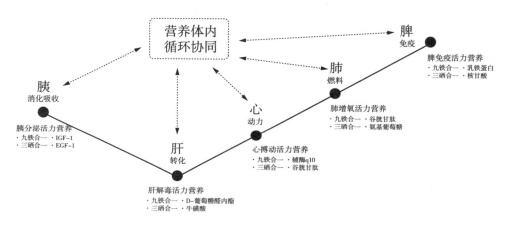

图 4 - 7　活力保障营养技术五维模型

活力保障营养技术，至少从五个维度来保障和增强营养体内循环协同，进而激活机体的活力状态。我们知道，营养的体内循环协同，主要由以下五个脏器来执行。胰脏，除了参与肠腔内的消化过程，还通过分泌胰岛素等激素，参与体内营养的合成与分解代谢；肝脏，是机体最大的营养转化器官，执行重要的首过处理和解毒任务，参与体内营养的再平衡和协同性调节；心脏是营养循环的动力源，关系到内循环的速率和沉积的效率；肺脏为体内器官、组织和细胞的营养代谢活动，提供必需的氧气，来产生足够的能量，支持营养的循环、转化和沉积；脾脏是机体免疫系统的代表，既是营养循环协同的保护者，也是分流者。可见，要想保障营养循环协同顺畅，上述脏器的功能健康必不可少。

为此，针对不同脏器的营养需求特点，需要识别筛选出与之对应的必需活力营养。例如，为了保障胰脏的消化酶和激素的分泌活力，使用 IGF - 1 促进损伤修复，提高胰岛素的作用效率；为了保障肝脏免受代谢废物和毒素的危害，使用 D - 葡萄糖醛酸内酯，增强解毒和排毒能力；为了保障心脏免受高强度代谢带来的氧化损伤，使用"三硒"合一，提高抗氧化和修复能力；为了保障肺脏的气体交换能力，使用谷胱甘肽保护肺泡的完整性，增加气体交换效率；为了保障脾脏等免疫系统的抵抗能力，使用乳铁蛋白激活机体的天然防御力，减少疾病风险，减少免疫反应的营养消耗。除了以上提到的活力营养，还有九种有机铁、牛磺酸、核苷酸等，合计18种以上活力营养。共同保障五大内脏的健康发育，促进营养循环协同的正常进行，实现保育猪群的健康活力。

4.4.7　活力保障营养技术实现保育活力可管理

活力保障营养技术，是以达成营养的内循环、内协同、内转化为目标，以五脏健康为保障，以多种活力营养集成应用为手段的系统化技术。活力保障营养技术，实现了营养从体外利用，进步到体内转化；从体外指标，进步到体内循环；从体外平衡，进步到体内协同。将大家的营养研究视角，从外部的原料、配方、标准、数据，转到了体内的循环、协同、转化、沉积，拓展了营养认知的新维度和技术创新的新空间，为机体的内在健康和外在活力表现提供了坚实的后盾。

活力保障营养技术的首要价值，就是让保育猪群活力可保障、可管理。增强健康活力和抗逆性，多吃、多长、少排、让每吨保育料多长25千克保育猪，让保育猪好看、好养、好赚钱。

4.4.8　活力保障摆脱保育料大众化竞争

根据市场调研，近年来市售保育料的产品力下降趋势十分明显。迫于竞争的压力，不得不平庸化、大众化，想走差异化路线，却苦于找不到方法，只能拼价格。技术上也迫于压力，开始以不出问题为目标来设计和生产保育料，在营养架构和品质匹配上，以最低限为标准，做出的保育料生产绩效一般，猪群状态一般。产品的问题解决能力变弱，对于各种投诉，无奈只好采取忍受策略。这一现状非常值得反思，为何多数企业都在执行以成本和价格为导向的产品逻辑？因为，它比做价值领先更容易，这也恰恰暴露出许多企业在多元化、多维度提升产品竞争力的技术能力方面存在短板，产品战略及管理存在短视。

对于技术不过硬的猪料企业，一味地迎合降低配料成本的表面要求，而不能满足养猪多盈利的深层次本质需求，必然不能赢得多数猪场的长久合作。在群体活力已经成为最大养猪痛点和最大潜在需求的状况下，保育添活力，猪群有状态，才能确保产品有特色。体验易呈现，效果更稳定，养猪多赚钱。

以当前许多公司主攻的小比例浓缩料为例，如10/12/16/20/25％等，在替豆粕、减豆粕、减蛋白、减功能营养等一系列操作之后，从机体内的营养代谢角度来看，由于缺失了充足的优质蛋白作为转化成必需活力营养素的前体物质，以及外源补充的支持，致使仔猪的活力状态常出问题，进而对这些产品的结果体验带来了巨大的负面影响。这样的产品，注定只能成为短线产品。低豆粕、低蛋白的小比例浓缩料不是不可以做成长线产品，关键在于能否对仔猪的活力状态提供充分的保障。

猪群活力全面反映了体内的营养循环、协同、转化、沉积状态和外在的精神、生长状态，是否处于健康状态。猪群活力也已经成为猪场多维度综合评价保育产品力的主要指标。为此，饲料企业在策划相关产品时，要有在活力上升维体验竞争力的意识。有活力，不平庸，在保育创新需要打破的当下，活力保障营养技术已经成为产品竞争力升维的重要途径。

4.5　教保料生产的"九关"过程管控

生产部辛辛苦苦生产，品管部检验后判定不合格，结果被迫返工，这样的事情在饲料企业屡见不鲜。生产部抱怨品管部太吹毛求疵，品管部认为是生产部不负责任，相互扯皮，冲突不断。导致这种现象的原因是什么？归根结底还是因为缺乏关键生产过程的质量风险管控。如果生产第一批料就发现问题，及时调整，是不是可以避免大批量不合格品的产生呢？为了帮助饲料企业更好地做到生产过程的品质管理，保证产品品质稳定，针对教保料生产的关键环节，新逻辑营养总结出了质量风险控制系统措施——"九关"执行，即清理关、粉碎关、配料关、混合关、调质关、制粒关、冷却关、打包关和仓储关，每一关都确定了详细的质量管控关键点和管控措施。

4.5.1　清理关

今天的教保料要按照高标准级别生产，所以第一关就是清理关，分为原料清理和设备清理。

1. 原料清理

原料在收获、加工、运输及储存的过程中不可避免地会混入秸秆、石块、沙土、金属物、绳头等杂质。谷物原料中还含有营养价值低的破碎粒和霉变粒。这些杂质和破碎粒不仅会影响饲料产品的品质，还易携带病原微生物，产生霉菌毒素等有毒有害成分，损害动物健康。一些大的杂质如石块和金属物，还会造成管道堵塞，甚至损坏设备，如打穿粉碎机的筛片、损坏制粒机环模。原料清理不仅可以减少饲料中的杂质和有毒有害成分，提高产品品质，还可以清理掉石块等坚硬的杂物，减少设备损伤。

原料的清理设备主要有比重精选机、色选机、西格玛筛等，主要用于谷物原料的清理，可以有效清理掉原料中的杂质、破碎粒和霉变粒。我们检测过玉米清理前和经比重精选筛清理后的脂肪酸值及霉菌毒素含量，结果表明玉米清理后，脂肪酸值和霉菌毒素的含量都有不同程度的下降。建议教保料生产企业采购相应的清理设备用于谷物原料的清理。

2. 设备清理

设备清理是指对生产设备和生产系统进行有效清理，保证设备内部是干净的，就如同人吃饭洗碗、炒菜涮锅一样。通过有效的清理，最大化降低生产中的污染风险，减少市场投诉。清理关的作业标准包括以下几个方面。

第一，要建立每个设备的清理标准，并准备合适的清理工具，如铲刀、钢刷、气管、PVC管、扫帚等。

第二，根据生产需要确定需要清理的设备，如料仓（待粉碎仓、配料仓、成品仓），旋转分配器，溜管，刮板机机头机尾，分级筛，成品检验筛，永磁筒，圆筒筛，调质器，制粒机，混合机（含喷油嘴），冷却器，投料口及脉冲除尘器，粉碎机（粉碎室、沉降室、脉冲除尘器），打包秤（仓斗、称头），提升机底座，核心料生产线。

第三，制订清理流程，从上向下清理、分工协作。先用清理工具将设备中的残料清理掉，清理干净后将废料排出料线。然后，由品管部到现场检查清理结果，对清理不到位的地方继续清理直到合格。接着，清理合格后用细粉碎玉米清洗料线和核心料生产线。最后，打扫车间卫生，将散落在设备表面和地上的残料清理干净，保证地面清洁，将清理的残料放置在固定位置并做好标识，避免被用错。

第四，清理的注意事项：安全第一，需专人管理电源。需要进入设备内部清理的，必须确认断电，清理时，戴好安全帽，且安排辅助人员。对于悬空的旋转分配器，必须2名以上工人参与清理，相互帮助，确保安全。清理时不开提升机，避免清理物随提升机扩散。

4.5.2　粉碎关

粉碎是重要的生产工序之一，也是实现后续其他工序加工目标的前提。合适的粉碎细度可以改善混合均匀度、调质质量和制粒质量；提高饲料的颜值；提高日粮消化率，改善动物的肠道健康和生长性能。粉碎工序存在的风险是粉碎细度不达标。粉碎关主要围绕粉碎细度和粉碎质量制定作业标准和管控措施，达到粉碎细度的要求。

1. 粉碎前的准备工作

第一，根据饲料产品确定需要粉碎的原料种类，粉碎量及筛网孔径。

第二，如果使用2台以上粉碎机，需要确定每台粉碎机需要粉碎的原料，并确定原料的待粉碎仓、配料仓及粉碎顺序。

第三，清理完成后，开机前检查设备，包括筛网孔径是否正确，是否完整无破损，方向是否正确且压实；锤片的磨损情况，如果锤片打击端磨损超过50%，应更换新锤片或将锤片调整方向；转子是否灵活，与导向板的方向是否一致，筛架和弧形板是否变形，如果变形，加装垫片调整；粉碎机门的密封情况等。

2. 粉碎过程控制

第一，保证粉碎后的物料正确进仓，调节旋转分配器，将物料粉碎后转至相应配料仓。

第二，定时取样，检测粉碎细度是否达标。如果不达标，要求中控立即暂停粉碎，核查粉碎系统，排查故障原因，纠正达标后再作业。人工检测粉碎细度时，建立检测标准并固定检测人员，减少人为因素导致的检测数据变异，避免因为换人导致检测不合格而停机现象的发生。

第三，原则上应根据物料的特性均匀喂料，调速时应缓慢调整，避免忽大忽小。细粉碎时，要密切注意电流变化，及时调节喂料频率。

第四，调换原料品种时，将缓冲仓内的物料粉碎完毕并排净，调整旋转分配器换好配料仓后，再继续粉碎更换后的原料，减少物料残留，避免串仓。

第五，粉碎结束，待缓冲仓中的原料粉碎完毕后才能停机，减少物料残留。

第六，生产对粉碎细度要求高的产品时，坚持粉碎品质第一，粉碎效率第二。

4.5.3　配料关

配料关重点关注投料和配料过程，基于投料和配料工序存在的品质风险，在配料关，我们不仅要保证投进料线的原料种类、数量正确，还要确保原料的品质合格，严禁异常原料进入料线。

1. 投料过程控制

第一，投料前，品控或仓管按照配方核查原料品质，有异常（发霉、结块、发热、气味和口感异常等）时，坚决不使用。待检状态及使用状态为降级、退货的原料禁止使用。在检测合格的待用教槽料原料上清楚标识，如挂上"＊＊产品专用/今日使用"的标识牌，避免用错。

第二，应防止交叉污染。如检查上一个品种的料是否走空，等料全部走完后才能开始下一品种的投料；中控和投料工做好配合，投料工接到中控指示后再投料，避免串仓，做到正确进仓；保持投料口卫生、干净，已经严重污染的原料禁止投进料线，每投完一种料都要及时清理现场。

第三，投料时，现场品管到投料口再次核对原料，发现用错立即要求暂停投料，并更换正确的原料。有责任心的投料工应关注原料品质，有异常时，立即停止投料，待更换合格原料。

2. 配料过程控制

第一，配料顺序正确，配比大的优先。

第二，确保配料准确，如配料开始，中控需随时观察各秤下料情况及各种报警信号，及时查看并排除报警信息；合理分配配料秤，配料速度平稳，给料均匀，下料速度稳定，减少配料的动态误差，提高配料的准确度；配比大的原料可以走提升机，配比小的原料必须直接投进混合机；定期校准配料称。

3. 手投料的配料和投料

手投料包括小品种原料（鱼粉、葡萄糖、蛋黄粉等）和预混剂（自配核心料、多种氨基酸、钙磷盐等）。对于这些原料要先称量配料，再确定投料顺序，最后按批次执行。以下为注意事项：

第一，避免多投、少投、错投、漏投，如投料前认真复核品种、数量、批次；按规则摆放并做好标识，听从中控指令按顺序投料，忌东拉一包西拉一包；投料前将手投料按批次配制好，不允许在投料口现配现投；在投料口挂看板，将投料品种及重量写在看板上，投料时现场品管在看板上做好复核；小料口主投功能原料、核心料，种类总数不宜过多，最好不要超过 6 种。

第二，避免投入不合格原料，如投料前和投料中关注原料品质，发现异常原料暂停投料，更换合格原料；投料口放置孔径 2cm 以下的筛网，过滤结块和杂物。

第三，对占比小于 0.2% 的组分必须提前预混合，禁止直接通过小料口投到混合机中。

4.5.4　混合关

教槽料的混合均匀度直接影响品质及饲喂效果，混合均匀度好，乳仔猪可以采食到均衡、全面的营养；混合均匀度差，会导致微量营养在饲料中分布不均匀，直接影响饲喂效果，如各类影响腹泻的添加剂。饲料的混合均匀度是影响饲料品质的关键工序，主要的过程控制包括：

第一，核定物料的混合机装载系数，装载过多或过少都会影响混合质量。

第二，根据饲料品种和配方特性设置混合时间。饲料配方中液体油脂添加量大的，需要延长混合时间，提高混合均匀度。新品种或饲料配方变化比较大时，需要通过实验确定最佳混合时间，避免因混合时间不合适导致饲料的混合均匀度差。

第三，检查混合机是否工作正常，喷嘴是否堵塞，是否漏料，是否清理干净。

第四，取混合好的物料，查看混合质量。高油物料检查油团的大小和数量，油团多且颗粒大的可能是喷油嘴雾化效果比较差。

第五，每个季度检测一次混合均匀度（变异系数）。

第六，关注混合机的残留情况，正常的残留率双轴桨叶式混合机小于 0.5%，单轴桨叶式混合机小于 0.2%，对残留率高的混合机需要手动排料，并认真检查排除异常。

4.5.5　调质关

调质是通过高温蒸汽与物料混合，使饲料中的淀粉糊化，蛋白质变性的过程。调质是制粒系统前处理的关键，调质质量直接影响后续的制粒质量和颗粒质量。高质量的调质，可以改善物料特性，提高制粒效率，改善颗粒质量；可以减少环模和压辊磨损，提高使用寿命；可以杀灭物料中的病原微生物，提高生物安全；可以破坏物料中的抗营养因子，提高营养利用率。调质关的三要素是温度、水分和时间，这些是影响调质质量的主要因素。

1. 调质前的准备工作

第一，技术部、生产部和品管部根据饲料品种制定合理的调质温度标准。比如对于教保料来说，基础熟化料的调质温度要求达到 90℃以上，成品颗粒的调质温度 70～80℃。

第二，检查蒸汽压力表、减压阀等是否正常工作，排空蒸汽气缸及管道中的凝结水。检查气水分离器，以保证进入调质器的蒸气质量。

2. 调质过程控制

第一，调整蒸汽压力，减压后达到 0.2～0.4MPa。

第二，取样检测调质前和调质后的水分，计算调质过程的水分补充情况，评估调质质量。

第三，在调质器下料口安装温度传感器，实时监测调质器下料口的温度。

第四，在高温调质时，注意喂料量不能太大，避免调质温度降低，影响熟化效果。

第五，生产过程中，要关注蒸汽质量，随时观察调质温度是否在标准范围内，不在标准范围的应及时调整。

4.5.6 制粒关

制粒是将调质后的粉状物料通过环模挤压成柱状或其他形状颗粒的过程。颗粒饲料具有提高动物采食量、减少饲喂浪费、营养不分级、避免动物挑食、提高饲料密度、易运输等优点。在制粒工序，不仅要保证制粒的顺利进行，还要改善颗粒质量。影响制粒的因素有喂料速度、磨辊间隙、环模孔径及压缩比和切刀等。

1. 制粒前的准备工作

第一，检查制粒机内部、喂料口、外壳是否有结块、霉变，并清理干净，保持制粒机的清洁。

第二，根据饲料品种准备孔径和压缩比合适的环模，不可使用已经严重磨损的环模；准备好环模，将环模中的残料清理掉。

第三，正确安装环模，检查环模螺丝是否紧固；温度传感杆是否干净；切刀是否完整，切刀磨损会影响颗粒制粒；切刀与环模的距离是否合适，切刀与环模的最小距离以不小于 3mm 为宜，以免切刀损伤环模；检查调整压辊和环模间隙，使之一致，避免颗粒长短不均匀。

第四，与中控核实饲料的品种、数量及仓号。

2. 制粒过程控制

第一，调整调质蒸汽气压力达到要求（0.2～0.4MPa）后，启动制粒机主电机（有用电功率限制时，此时需注意不可与粉碎机同时启动），然后调整制粒机切刀至合适长度。

第二，调质温度达到标准前，颗粒料禁止进入冷却系统。用挡板将下料口封住，将料接出来回机再制。调质温度达到标准后，再让料进入冷却器。

第三，正常制粒后，从制粒机下料口取样，品尝口感是否正常。通过颗粒长度、均匀度、外观、硬度、水分等评估颗粒质量。

第四，停机再开机或换料时，检查是否有料块，如果有需要及时清理，避免进入冷却器。检查制粒机上方的缓存仓和成品仓是否完全排空，以防发生混料。

第五，做大颗粒破碎料时，调整破碎辊间距，并立即安排取样品，查看是否合格。

第六，做好生产记录，如实填写饲料名称、生产吨数、调质温度、生产时间，蒸汽压力等，做到制粒机日报表干净准确。

4.5.7　冷却关

冷却是保证安全存储的关键工序，从制粒机出来的高温、高湿颗粒料必须要通过冷却带走水分和热量，将饲料水分控制在合理范围，将料温降到与室温的温差不超过 5℃，保证饲料在存储期间的品质稳定，提高储存安全。影响冷却效果的因素主要有风量、冷却时间和饲料颗粒大小。冷却时，应根据季节、饲料品种及调质后水分，调整冷却风量和冷却时间，保证颗粒内部和外部都充分冷却。如果颗粒表面冷却快，内部水分高，会降低颗粒质量，甚至引起发霉。

1. 冷却的准备工作

第一，检查冷却器的料位器是否正常。

第二，检查关风器是否堵塞。

第三，根据季节、饲料的品种调整冷却风量和冷却时间。

2. 冷却的过程控制

第一，冷却时，检查冷却塔是否漏料，布料是否均匀。

第二，检查料位器高度是否合适，一般以 2/3 高度为佳。

第三，取冷却器中不同位置的饲料，检测水分，确定冷却器冷却是否均匀，避免因局部水分偏高导致饲料中出现颗粒发霉的现象。

4.5.8 打包关

打包工序操作相对比较简单，但依然不能掉以轻心，需要责任心。在打包工序要保证料、包装和标签一致，保证产品感官正常、品质合格、重量合格。

1. 准备工作

第一，根据生产计划准备和饲料产品对应的包装和标签。

第二，检查包装、标签和饲料产品是否一致。

2. 过程控制

第一，正式打包前，品管到打包口做饲料的感官评估（颜色、气味、口感、粉碎粒度、均匀度、硬度、含粉率、料温等），并取样做水分的快速检测，感官和水分正常后开始打包。出现异常及时通知品管或生产主管查找原因。

第二，校正打包秤，复核成品净重并检查打包秤的偏差情况，前 10 包必须过秤，待打包称稳定后再抽包检查并做好记录。

第三，做好头料和尾料的处理。每个品种的前两包料，回机再制，尾料准确标识后放置在特定区域。

第四，打包过程中，每隔 1～2 个小时，生产主管、打包主管或现场品控到打包口查看产品的感官质量和打包质量。

第五，作为有责任心的打包人员，应每包检测料温、颜色、料型、气味等是否一致、正常。如果出现异常，暂停打包，并及时通知品管或生产主管，查找原因。

第六，如果发现破包或缝线不牢的包装，应立即处理。

第七，打包期间，落地料禁止装到成品包装中，应回机处理。

第八，更换品种时，必须将上一个品种的饲料包装和标签收回。

4.5.9　仓储关

仓储管理在饲料的生产管理中至关重要。良好的仓储管理可以降低原料和饲料产品的存储风险，避免在仓储过程中出现变质和交叉污染，减少损耗，保证原料和饲料产品的新鲜度。仓储管理的重要工作是保证原料和饲料产品在存储过程中的质量安全，做好原材料的验收入库、储存保管、使用安排、清仓盘点等工作，并做好与相关部门的沟通。饲料产品做好出入库管理，涉及技术、生产、化验品控、采购、仓管等多个部门，相互协作，一切都为品质服务！

1. 原料的仓储管理——大原料

第一，分区管理，根据教保专用原料、育肥专用原料等划分专区。特别是教保料，建议专区存放，减少交叉污染，避免用错原料。

第二，垛位卡标识清楚明确，每种原料都有清晰的垛位卡和记录表单，其中垛位卡包含原料名称、规格等级、检验状态、可使用状态等信息，按照先进先出的原则使用。垛位卡推荐使用颜色管理，不同的状态挂不同颜色的标识牌。如正常使用挂绿色标识牌，待检原料挂黄色标识牌，不合格及退货原料挂红色标识牌，避免生产用错。记录表单中包含原料名称、生产日期、入库日期、入库数量、出库数量、结存数量等信息。

第三，同一品种，不同厂家、不同生产日期的原料不宜放在同一个货位。感官相近的原料不宜放在一起，避免用错。

第四，袋装原料应放置在托盘/垫板上，且码放高度不宜太高，如膨化大豆等高油原料的堆垛高度，建议单托盘不超过 8 层，不超过 2 个托盘。不靠墙、不落地。

第五，关注原料的最佳保质期和新鲜度，盘点库存时查看膨化大豆、面粉等的生产日期，发现有临近最佳保质期的原料，立即和品管沟通，做好使用安排。

第六，做好库存原料的质量监控，化验员或品控根据原料的库存时间和保质期限，定期（至少一周一次）对库存原料进行质量监控，并做好监控记录，包括原料名称、监控时间、监控结果、异常情况描述、处置方式等信息。

第七，有条件的企业可以建立低温库，将超级蒸汽鱼粉和膨化大豆放置在低温库保存，降低脂肪氧化的风险。

第八，创造良好的仓储条件，如通风良好、无漏雨、干净、整洁、无鸟屎和老鼠屎。定期对散粮仓库做清仓、倒仓处理。有条件的企业要做好散粮库的温湿度记录。做好防鼠、防鸟、防潮工作，防止变质和污染。

第九，教保玉米尽量用包粮或储存在室内仓，特别是炎热的夏秋季节，不建议使用圆筒仓。油罐不宜放置在室外，被阳光直射。

第十，定期消毒，防范生物安全的风险。

2. 原料的仓储管理——添加剂

第一，分区管理，添加剂分为专用和共用，将专用原料按照教保料和其他料划专区储存。

第二，做好小料的出入库记录、领料及库存盘点，按先进先出的原则出库。

第三，加强巡库及库存原料的质量监控（通过气味、颜色等感官判断），发现变色、变质等异常情况应先禁用，再与技术部和质量主管商量处理方法。

第四，存放于阴凉通风处（防潮），堆放不靠墙、不接地（防潮），使用后扎紧袋口/桶口，预防变质和交叉污染。

第五，仓库管理员每天到添加剂仓库复核库存，发现异常及时通知生产主管和品控主管。

3. 原料的使用管理

第一，仓库管理员和品管部遵循先进先出的原则，以及原料的品质变化情况确定原料的使用。待检状态的原料检测合格后方能使用，使用状态为降级及退货的原料禁止使用。

第二，教保料生产前再次核查原料品质和新鲜度，确保原料符合使用标准。

第三，生产教保料时，将专用原料货位上挂上"教保专用"或"今日使用"的标识牌，避免用错原料。

第四，查看鱼粉、膨化大豆等原料的包装，是否有发霉、破包、生虫等现象。异常原料都不能用于教槽料的生产。

4. 成品的仓储管理

第一，划区存储，根据企业生产情况，划分教保料、猪料、禽料等专区。

第二，货位卡管理，标识准确，信息完整，包括产品名称、生产日期、生产量。货位卡推荐使用颜色管理，不同的状态挂不同颜色的标识牌，如可以正常发货的挂绿色标识牌，正在检测的挂黄色标识牌，禁止发货的挂红色标识牌。

第三，技术部和品管部根据产品种类和特征，确定不同产品的最长存储期，给仓管部执行。

第四，对挂红色标识牌的产品和挂"禁止发货"的产品，并禁止发货。

第五，货位管理。一个货位只能存储一个产品。同一个产品，不同的生产日期的不可放在同一个货位上。

第六，成品出库应遵循先进先出的原则，按照出货单正确发货。

第七，品管部每天到成品库巡查，发现超出公司规定存储时间的产品，应挂红色标识牌，并提出解决方案。

生产过程的质量控制是企业质量管理体系的重要组成部分。通过对生产过程的管控，可以确保生产过程处于受控状态，强化对质量关键点的管控。规范作业标准，消除不规范操作，规避每一个质量风险，有效减少各种质量问题的发生和不合格品数量，保证产品质量。"九关"执行是基于生产中的风险而设计的饲料生产过程的质量控制程序。通过"九关"执行，可以减少过程的风险，保证产品品质的最大化，持续保持产品品质的稳定。在产品品质维度，给客户带来更好的体验感。

教保料生产是一个复杂的过程，包含多个工序，每一道工序都存在或多或少的品质风险。只有保证每一道工序都符合标准，才能保证产品品质。为了减少生产的风险，就要推进标准化作业，做好生产过程的质量控制（图 4-8）。

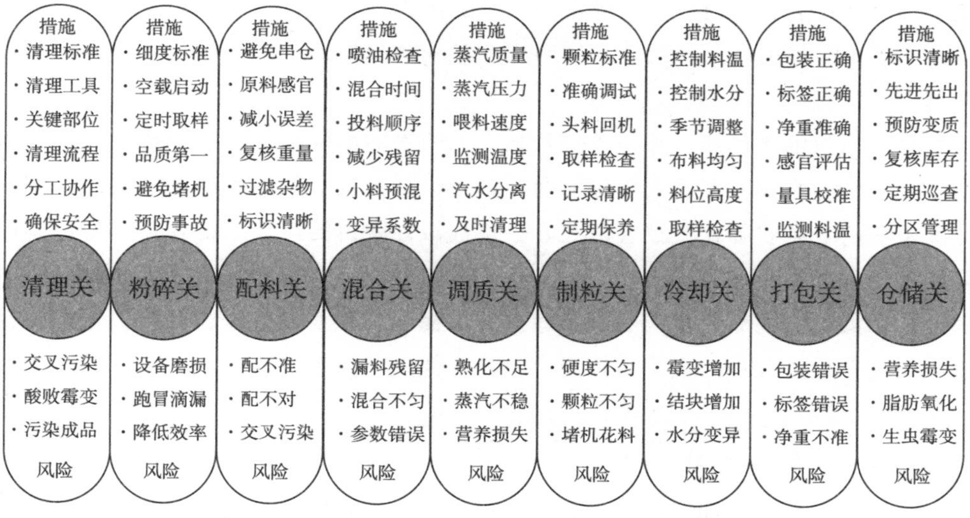

措施	措施	措施	措施	措施	措施	措施	措施	措施
·清理标准	·细度标准	·避免串仓	·喷油检查	·蒸汽质量	·颗粒标准	·控制料温	·包装正确	·标识清晰
·清理工具	·空载启动	·原料感官	·混合时间	·蒸汽压力	·准确调试	·控制水分	·标签正确	·先进先出
·关键部位	·定时取样	·减小误差	·投料顺序	·喂料速度	·头料回机	·季节调整	·净重准确	·预防变质
·清理流程	·品质第一	·复核重量	·减少残留	·监测温度	·取样检查	·布料均匀	·感官评估	·复核库存
·分工协作	·避免堵机	·过滤杂物	·小料预混	·汽水分离	·记录清晰	·料位高度	·量具校准	·定期巡查
·确保安全	·预防事故	·标识清晰	·变异系数	·及时清理	·定期保养	·取样检查	·监测料温	·分区管理
清理关	粉碎关	配料关	混合关	调质关	制粒关	冷却关	打包关	仓储关
·交叉污染	·设备磨损	·配不准	·漏料残留	·熟化不足	·硬度不匀	·霉变增加	·包装错误	·营养损失
·酸败霉变	·跑冒滴漏	·配不对	·混合不匀	·蒸汽不稳	·颗粒不匀	·结块增加	·标签错误	·脂肪氧化
·污染成品	·降低效率	·交叉污染	·参数错误	·营养损失	·堵机花料	·水分变异	·净重不准	·生虫霉变
风险	风险	风险	风险	风险	风险	风险	风险	风险

图 4-8　教保料生产九关中的质量风险与控制要点

4.6　教保料生产的质量风险分析与管控

导语：质量风险无处不在，识别风险，才能防患于未然。教保料生产过程中的关键风险控制点有很多，但鲜有人结合实际进行过系统总结。本节将为读者带来源自一线的经验总结，全面展现质量风险分析的逻辑与管控方法。

4.6.1　原料的稳定性风险

原料不合格会导致检验负担重、产品返工、客户投诉增多等问题。原料质量是质量管理的重要环节。世界著名质量管理专家戴明曾做过一项调研，问员工"什么影响了产品的质量"，参与调研的员工列出了 7 个因素：①原料质量不佳；②作业指导文件不当；③过时的技术要求；④工作环境不好；⑤缺乏与管理者沟通的渠道；⑥获得工程师的协助很费事；⑦领班不会工作指导。其中，原料质量不佳排在首位，如果原料都不合格，让员工生产出符合要求的产品就是不可能的事。

教保料作为典型的原料依赖型产品，原料品质是影响饲料品质的关键因素之一。据统计，60％以上的产品质量问题与原料质量有关。稳定合格的原料是生产合格稳定产品的基础和保证。原料质量差、不合格，特别是重金属、霉菌毒素、微生物等有毒有害物质超标，即使生产工艺多先进，生产过程控制多严格，也不可能生产出合格的产品。所以，饲料生产必须从源头把好关，加强对原料的质量控制。

饲料原料由于产地、种植条件及加工工艺等的不同，变异系数比较大。原料的变异不仅会影响成品营养指标的变异，还会影响饲喂效果和终端表现。比如熟化度不够的豆粕和膨化大豆会增加乳仔猪过敏性腹泻的风险。配合饲料中最大的变异来源于原料，占比高达 67％。产品的稳定性首先取决于原材料的稳定性，因此，采购稳定的原料是产品质量稳定的前提和基础。做好原料的价值采购，控制原料在仓储过程中的风险是控制原料稳定性风险的主要措施。

4.6.2　采购风险

品质是采购出来的，好原料是选购出来的，不是检验出来的。产品的品质不会高于原料的品质。不要想着用添加剂解决大原料不好的问题，对于变质的原料，加再多香味剂和甜味剂都解决不了适口性差的问题。优质原料的采购和使用是市场竞争的必然趋势，市场上的优质原料就那么多，当我们采购了优质原料，劣质原料就到竞争对手的产品中了；当我们采购了劣质原料，优质原料就到竞争对手的产品中了。

原料采购不仅要控制成本，更要防范风险，保证质量，挖掘价值。因此，采购要从传统的以价格为中心转移到以价值为中心，即价值采购。价值采购可以实现价值创造和竞争优势。我们买原料买的是有用成分，买的是原料的价值创造能力。在采购前，要确定我们在买什么，不买什么。对于大宗原料，我们买的是真蛋白、淀粉、脂肪、能量、可消化可利用的营养，买的是这个原料能做高溢价能力的高价值产品；不是买水分、杂质、霉菌毒素、不可消化组分、抗营养因子、有毒有害物、游离氨和硫酸根。对于添加剂，我们买的是解决问题的能力，不仅仅是主成分和含量。含量不等于结果，主成分加含量不等于结果，如果标签标示值等于效果，那么所有产品都将同质化。

以玉米为例，我们分析一下为什么要做价值采购。饲料企业在采购玉米时，对水分超标玉米经常采用水分超一扣一，我们一起算算是否划算。玉米水分上升 1 个百分点，消化能平均下降 40 千卡/千克，根据能量补偿原则，约需要补充 4.6 克/千克大豆油，成本高于扣款。玉米的临界水分只有 11%，随着水分的增加，玉米的呼吸作用增强。高水分玉米不仅不易储存，而且在储存期间因呼吸作用增强，营养物质损失更多。所以，饲料企业宁可高价买低水分的玉米，也不要水分超标扣款。

有些饲料企业为了处理品质风险大的玉米，购买了色选机和脱皮机，一台设备动辄几十万。采购质量差的原料，需要匹配适宜的设备对原料做处理，增加人工和投入，看似买的原料便宜，实际使用成本更高。谷物原料的霉菌毒素污染问题一直比较严重。玉米中的杂质和破碎粒易感染霉菌，滋生霉菌毒素，易氧化，造成脂肪酸值升高，适口性下降。我们在服务过程中发现，把玉米用比重精选筛清理后，脂肪酸值和霉菌毒素只能有一定程度的下降，无法完全清除干净。再说说陈化玉米，胚芽油脂氧化、淀粉变性、难消化型淀粉增加、能量明显下降、适口性变差。尽管国库拍卖的陈化玉米便宜，但若运气不好的话，可能会得不偿失。

价值采购的重点是管控好供应商，意味着"不战而屈人之兵"，此处的"战"指原料检验。价值采购的另一个意义是减少麻烦，降低检测频率，降低检测费用。价值采购的实现需要采购部、技术部和品控部一起开展工作，多维度了解认识原料，客观评价，防范系统性风险。采购可以带技术和品控到供应商的现场了解原料的原料，了解原料的加工工艺；正确认识原料的价值和在饲料中的作用；制定合理的原料验收标准和评价方案；制订合理的检验方法。需要注意的是原料验收标准是原料质量的底线，不是采购标准，原料采购标准应高于验收标准。对供应商进行详细系统的评价，筛选出原料质量稳定性好、供货及时、信誉好的供应商。

4.6.3　原料仓储过程中的风险

饲料生产，我们不仅要保证采购的原料是合格的，还要保证使用的原料是合格的。由于原料本身的特性和仓储条件，原料在仓储过程中有一系列的风险，如营养物质损失，产生有毒有害物质，滋生病原微生物、感染病毒等。

1. 营养物质损失风险

谷物原料由于呼吸作用，在仓储过程中伴随着营养的损失和营养的转换。谷物的水分含量影响呼吸作用的强弱，当种子内出现游离水时，种子的呼吸强度急剧增加。水稻的临界水分为 13%，小麦为 14.6%，玉米为 11%。高水分的谷物，呼吸作用更强，在存储中营养的损失更多。研究表明，玉米随着储存时间的延长，淀粉含量下降，纤维含量升高；直链淀粉含量升高，支链淀粉降低，回肠消化率降低。水稻在储存中，淀粉消化率也有一定的下降。曾经有饲料企业采购了几车高水分新小麦，与正常小麦混储在一起，结果存储一段时间后，整个仓库的小麦出现发热发粘、发白霉结块。终端市场也有大量饲料发霉的投诉，给企业造成巨大的经济损失。

2. 脂肪氧化风险

原料在仓储中还伴随着脂肪的氧化。脂肪氧化会导致饲料在感官上会产生哈喇味，影响适口性和采食。脂肪氧化是自由基的链式反应，自由基可破坏细胞，致使机体损伤。脂肪氧化的中间产物脂质过氧化物和次级代谢产物酮、醛等可与蛋白质发生反应，降低蛋白质的营养价值。损害肝脏和消化道上皮组织，影响正常的肝功能，导致动物采食量下降，消化率降低，发生腹泻，料肉比提高。脂肪氧化后，不饱和脂肪酸（如亚油酸、亚麻酸等）的相对比例减少，消化率和消化能下降。此外，脂肪氧化还会破坏原料中的脂溶性维生素。

　　光线是油脂氧化酸败的催化剂，不良的仓储环境，如阳光直射、高温等，会加剧脂肪的氧化。在多年的一线工作中，我们遇见了不少脂肪氧化导致的市场投诉。存储在普通仓库的膨化大豆和超级蒸汽鱼粉，在夏季随着存储时间的延长，适口性下降，导致生产的饲料适口性和采食量降低。存储在室外筒仓中的玉米，在炎热的夏季，玉米脂肪酸值升高，导致饲料适口性下降，猪的腹泻频率增加。一些饲料企业的油罐建在室外，且缺乏保护措施，在夏季油脂的氧化速度是非常快的。

　　3. 霉变风险

　　霉变是常见的仓储风险之一。原料霉变后营养价值会迅速下降，用变质后的原料生产饲料不仅影响饲料的适口性和采食，还会诱发饲料霉变。原料中携带的微生物如霉菌、细菌、酵母菌，均可能因环境变化而迅速繁殖，导致原料发霉变质，降低原料的利用性，产生的毒素会损害动物健康。让大家非常头疼的霉菌毒素有一部分就是在仓储中产生的，所以在验收原料时，不仅要检测霉变率和发霉率，还要检测霉菌毒素。原料即使霉变率合格，只要霉菌毒素超标，就要坚决拒收。

　　谷物的破碎粒和杂质最易感染霉菌，在进仓前做好清理，筛除破碎粒和杂质，降低霉变的风险。水分越高，霉菌生长繁殖越快，所以一定要控制入库原料的水分。谷物原料，如玉米、稻谷、麦类等，水分应控制在 13% 以内，最高不超过 14%；面粉的水分应控制在 14% 以内；豆粕等的水分应控制在 13% 以内；膨化大豆的水分应控制在 10% 以内。原料的水分不仅要关注平均水分，还要关注局部水分，特别是对谷物原料。

　　仓虫是一个不能被忽视的原料破坏者。谷物及仓库中的虫卵，在适宜的温湿度条件下大量繁殖，不仅消耗原料营养，其代谢产物还会污染原料。虫子的活动还会导致原料发热，加快微生物的滋生和繁殖，引发或加速原料霉变。这些仓虫在运输及生产中进入料线，不仅会进入成品饲料中，还会导致设备中的残料发霉霉变、结块。饲料中的虫子多来自原料和料线，因此，饲料企业要做好熏仓，及时杀灭仓虫，并做好料线的清理。

　　4. 生物安全风险

　　随着养殖规模化和非洲猪瘟的影响，养殖端加强了生物安全防控。饲料的生物安全是猪场生物安全防控体系的重要一环。饲料在生产、运输及仓储的过程中存在生物安全的风险。携带病原体的飞鸟和老鼠，进入原料仓库偷食原料时，会污染原料。原料被病原体污染，病原体在饲料中大量存活，并保持其传染性的风险。采购的动物源性原料，如血浆蛋白、肠膜蛋白、血粉、肉骨粉等，在生产中由于病原体灭活不彻底，导致原料中有病原体存活的风险。用被病原体污染的车辆运输原料时，原料有被污染的风险。携带有病原体的车辆和人员进入饲料生产区域，病原体有传播到原料中的风险。携带污染了病原体的饲料进入猪舍后，会引发各种疾病。饲料企业要做好生产安全防控，进入工厂的车辆和人员都要消毒后再进入，仓库、投料口、车间等要经常消毒，灭活病原体。

5. 有毒有害物风险

饲料是被养殖动物的食品，为其提供生长繁殖必需的营养。饲料的卫生及质量安全，在很大程度上影响着动物和动物性食品的安全性。饲料在生产、加工、贮存、运输等过程中，存在被有毒有害物污染的风险。饲料中的有毒有害物进入动物机体，危害动物健康，阻碍营养物质的消化吸收与代谢，影响生长性能的发挥。这些有毒有害物在动物体内蓄积，残留在肉蛋奶中，通过食物链危害人类的健康。饲料中的重金属被动物采食后随粪便排出体外，污染环境，破坏生态平衡。

《饲料卫生标准》是强制性国家标准，最新版《GB 13078—2017 饲料卫生标准》将有毒有害物的控制项目增至 5 类 24 个，并细化饲料产品中的限量值，足以说明饲料卫生及质量安全的重要性。按污染物来源可将饲料中有毒有害物质分为饲料源性和非饲料源性。饲料源性有毒有害物质是指来源于各种饲料和饲料添加剂中的毒害物，包括饲料原料本身存在的抗营养因子，比如天然植物毒素。非饲料源性有毒有害物质是指在饲料生产链中，对饲料产生污染的外界有毒有害物质，包括霉菌毒素、化学污染和微生物污染。

霉菌毒素是一种毒性很强的霉菌和真菌的次级代谢产物。据统计，至少有300 多种霉菌毒素对动物和人类有潜在的危害。对动物健康影响比较大的霉菌毒素主要是呕吐毒素、玉米赤霉烯酮、黄曲霉毒素、赭曲霉毒素和 T-2 毒素，其中以黄曲霉毒素 B1（AFB1）的毒性最强。它具有强烈的致癌、致畸和致突变作用，其毒性是砒霜的 68 倍，是氰化钾的 10 倍。霉菌毒素的危害主要有降低动物的生长性能、破坏免疫机能、损害动物健康，毒素在动物体内蓄积残留导致食品安全问题。呕吐毒素会引起猪的采食量下降甚至拒食；玉米赤霉烯酮会损伤繁殖系统，引起小母猪假发情，怀孕母猪流产；黄曲霉毒素 B1 会损伤猪的内脏器官特别是肝脏，破坏免疫机能，甚至致死。猪比较敏感的霉菌毒素主要是呕吐毒素和玉米赤霉烯酮。霉菌毒素污染是饲料质量最大的问题，且日益严重，国内大部分谷物类饲料原料和饲料受到霉菌毒素的污染。

对于猪料来说，动物源性的有毒有害物质主要是鱼粉中的组胺。组胺是原料鱼在加工前蛋白质被微生物分解的产物，对消化道有强烈的刺激作用，可造成肠胃出血、糜烂，也称糜烂素。

化学污染主要包括有害重金属、有机化合物和无机化合物污染。砷（As）、铅（Pb）、汞（Hg）、镉（Cd）、铬（Cr）等重金属污染，主要来自被污染的植物原料、劣质矿物质和不合格的添加剂。这些重金属在猪的体内富集，会引起慢性中毒，影响动物的生长发育及生产性能。被重金属污染的猪肉被人食用后危害人体健康。随粪便排出的重金属进入土壤和水体，污染生态环境。此外，饲料中还有农药残留的风险，如有机氯类农药的残留。动物源性原料由于加工原因会有二噁英污染的风险。

微生物污染主要有霉菌、真菌、致病菌和病毒。这些致病微生物在饲料及饲料原料中增殖会导致饲料及饲料原料变质，降低营养价值，产生有毒的代谢产物，如霉菌毒素损害动物健康。当动物采食携带致病微生物饲料时，这些致病微生物在动物体内增殖致病或破坏肠道菌群平衡，导致动物腹泻，危害动物健康。

饲料中的微生物污染的途径：土壤被有害微生物污染导致种植的植物类原料被微生物污染；被用于加工动物性饲料原料的动物，在生长及运输途中受到有害微生物侵染；饲料原料在加工、储藏、运输中受污染并生长繁殖。

饲料安全是畜产品安全的基础。饲料企业要为养殖业提供安全质优的饲料产品，从源头抓起，保证畜产品的安全和消费者的健康。控制饲料中的有毒有害物，不仅是符合《饲料卫生标准》的要求，减少有毒有害物的负面效应，而且可以提升产品品质，进而提升畜禽健康度和生长性能。饲料中有毒有害物的风险主要来自饲料原料和生产过程。新逻辑营养的质量五部曲同样适用于饲料中有毒有害物的控制。

我们一直强调，猪料特别是教保料要以"低"为目标设计生产产品。在无抗背景下，基于乳仔猪的生理特性，教保料一定要做低危害、低毒素、低抗原、低炎症、低盐、低灰分。在设计之初，要充分考虑每种原料的潜在危害，并尽可能地规避危害。如少用或不用抗原和抗营养因子含量高的原料，规避有微生物感染风险的原料；如不使用血浆蛋白粉和肠膜蛋白，慎用硫酸根和重金属含量高的原料，要求使用新鲜度高的原料，降低脂肪氧化的风险。更详细的控制措施还有：

第一，要明确原料的品质要求，必须坚持底线原则。技术和品控部门要多维度了解原料，知道每种原料的关键指标和风险点，并制订清晰的原料品质要求，明确有毒有害物的限量标准。比如要了解霉菌和霉菌毒素的关系，一种霉菌可以产生多种霉菌毒素，同种毒素可以由多种不同的霉菌产生。霉菌毒素和霉菌菌株之间并没有严格的对应关系，所以，霉菌总数合格并不等同于霉菌毒素合格。对谷物类原料，饲料企业要制定的限量标准包括霉变率、霉菌总数和霉菌毒素，只有三项指标全部合格，才代表原料合格。了解鱼粉的加工工艺及在运输和仓储中的风险，制定鱼粉中 TVBN、组胺、酸价和丙二醛、沙门氏菌等有毒有害物的限量标准。通过石粉的来源，了解石粉中除了碳酸钙，还含有别的杂质。能通过颜色评估石粉中重金属是否超标，白石粉中钙含量高，红石粉中镁含量较高，灰石粉中铅含量较高。那么石粉的验收标准就可以包括颜色、钙含量。如果对氨基酸渣有了解，就会知道氨基酸渣中游离氨和硫酸根离子的含量比较高，那么氨基酸渣的品质标准，除了规定粗蛋白含量外，还应有游离氨和硫酸根的限量。了解发酵豆粕的生产工艺，就知道发酵豆粕中存在微生物感染的风险，那么在制订发酵豆粕的标准时，除了制订常规指标外，还要制定 TVBN 和抗腐败能力的标准。容易被大家忽略的一个风险原料是生物饲料添加剂。生物饲料添加剂中存在较严重的微生物污染风险，因此，我们在选择生物饲料添加剂时，可以到生产企业考察，精选优质供应商，要求供应商提供微生物检测报告，来减少微生物污染的风险。

第二，要做价值采购，优选供应商，从采购端减少原料中的有毒有害物。采购部依据原料的品质要求采购原料，禁止采购新鲜度不好的原料。采购前要和供应商沟通产品的生产日期，按生产计划现用现采购，保证采购回来的原料是新鲜的，使用时新鲜度好。品控部要根据生产需要持续完善检测项目，提高检测准确度，并严格检验，特别是关键控制点和风险点做到能检尽检，对有毒有害物含量超标的原料坚决拒收，将风险扼杀在摇篮里。对自己不能检测的风险项目，要求供应商定期提交第三方检测报告，从检测端减少有毒有害物。

第三，减少仓储环节的污染，保证原料在使用时是符合品质要求的。仓储做好 5S 管理，保持良好的仓储环境，保持干燥，定期消毒、灭鼠、灭虫，减少霉菌和微生物污染。仓库中的原料有清晰的标识信息，使用时先进先出。及时将烂包、外包装发霉的原料挑出来并降级使用，减少微生物污染。对新鲜度要求高的原料，严格控制最佳保质期，超过最佳保质期的原料降级使用。脂肪含量高、易氧化的原料尽量放置在恒温库，减缓脂肪氧化，减少有毒有害氧化产物的产生。

第四，通过工艺处理提高原料品质，减少风险。对谷物籽实类原料，进仓前或使用前，过比重精选筛或色选机做清洁处理，将风险较大的破碎粒、发霉粒、霉变粒和杂质筛出去，降低霉菌和霉菌毒素的风险。饲料企业还可以通过舒解技术，减少原料中的抗营养因子及抗原，提高原料的使用价值，减少负面效应。

第五，生产精细化。要经常查看制粒机的喂料口、调质器、刮板机机头、旋转分配器是否有发霉变质的残料和虫子。饲料加工过程中的交叉污染问题是造成饲料安全隐患的另一个因素。饲料企业的交叉污染问题会发生在整个生产系统中。一些饲料企业猪料、禽料、反刍料共用同一条生产线，还有一些企业虽然是独立的生产线，但筒仓和房仓共用下料口和刮板机，导致原料中的有害微生物残留在输送设备和生产设备中，并在加工过程中在不同种类、不同批次之间的产品间产生交叉污染。饲料生产线中收集的粉尘中有较高的有害微生物含量，细菌总数、霉菌总数和大肠杆菌数往往都较高，存在安全风险。为确保饲料的安全卫生质量、控制饲料生产中的有毒有害物，可采用清洁生产防控有害微生物。生产设备应定期清理，将残留在设备中的残料清理出来，避免料线中的微生物进入其他料中。生产车间要设立完善的管理规范和卫生实施，每天/班生产完，及时打扫卫生，清扫地上的残料。加强工人的培训，要求工人按规范操作，防止人为污染。

需要补充的是，除了上述介绍的各种有毒有害物污染风险，许多原料本身也含有不少有害物质。天然植物毒素主要有生物碱、苷类、毒蛋白、酚类衍生物、有机酸、非淀粉多糖、寡糖等，会损害动物健康，还有些能破坏和阻碍营养物质在动物体内的消化吸收，使动物产生不良的生理反应。生物碱具有神经毒性和细胞毒性。对猪料影响比较大的生物碱是土豆蛋白粉中的龙葵素，会造成猪消化道损伤。亚麻籽中的生氰糖苷，本身无毒，但在适宜的条件下会转化为有毒的氢氰酸，最小口服致死剂量为 0.5～3.5 毫克/千克。游离棉酚会损伤动物的实质性器官，与铁和蛋白质结合，降低血红蛋白的活性，导致动物贫血，影响维生素 A 的吸收利用，降低生长性能，毒害母猪的生殖系统，引起流产、死胎等。

毒蛋白中对猪影响比较大的是致敏抗原、植物红细胞凝集素和蛋白酶抑制剂。豆粕中的致敏抗原、大豆球蛋白和 β-伴大豆球蛋白，会引起仔猪的免疫反应，轻则出现腹泻、肠道炎症、肠黏膜增生、消化吸收障碍等症状，重则导致死亡。蛋白酶抑制剂能抑制蛋白消化，导致动物出现胀气、生长迟缓、胰腺增生、肿大、腹泻、粪便恶臭等不良反应。红细胞凝集素能凝集红细胞，造成肠道血液微循环障碍，抑制动物生长。高粱中单宁含量比较高，单宁可与唾液蛋白结合产生苦涩味，影响适口性；单宁也可与饲料中的蛋白结合，形成不易消化的复合物，降低饲料的消化率。胡萝卜氧化酶会破坏胡萝卜素、维生素 A 和叶黄素，降低维生素效价，导致动物维生素缺乏。尿素酶能分解肠道内的尿素，产生氨，对血液循环和呼吸系统造成刺激。大豆寡糖会引起动物胀气、腹泻，影响养分消化。植酸普遍存在于植物中，常以植酸磷的形式存在于植物种子及营养器官中。植物原料中约 70% 的总磷以植酸磷的形式存在，不能被动物吸收利用。植酸能和饲料中的二价和三价的金属离子，如铜、铁、锰、锌等，结合形成不溶性化合物，降低微量元素的利用率。非淀粉多糖（NSP）是植物中广泛存在的抗营养因子，常见的非淀粉多糖有 β-葡聚糖和阿拉伯木聚糖。非淀粉多糖由若干单糖通过糖苷键连接成多聚体，将营养物质包裹在细胞壁里面，减少了酶与营养的接触面积，影响营养的消化吸收。

4.6.4 生产的变异风险

在配合饲料生产中，饲料的变异除了原料外，还有 22% 来自配料工序，11% 来自混合。企业稳定的生产能力是确保饲料产品品质稳定、减少变异的保障，也是品质管控的核心。标准的工艺参数和操作流程是生产稳定的基础，是产品品质的基础保障。标准不是一成不变的，需要在工作中持续完善和精进。

对于教保料来说，品质第一，效率第二。新逻辑营养团队经常说，每一颗饲料都是一个小精灵，做好每一颗饲料是对每一粒原料的尊重，是对猪的尊重，更是对自己工作的尊重。因此，企业要转变对饲料的认知，从动物饲料向动物食品转变，用加工食品的标准来加工饲料，精工细作，用匠心生产每一批产品，用品质给予客户良好的体验和价值呈现。

好配方不等于好产品，好配方经过生产加工才有可能成为好产品。毕竟使用同样的配方和原料生产出来的饲料却不一样是经常会遇见的。饲料加工技术是配方的生产转化，好配方如果不能匹配良好的加工技术，一样得不到好产品。饲料的生产加工是影响产品质量稳定的重要因素之一。生产参数不达标或设计不合理、配料精度不够、操作不规范等都会影响产品品质。

颗粒配合饲料的生产至少有九关，每道工序都会因为参数设计不合理或操作不规范而存在风险。这些风险都会导致饲料品质下降。

4.6.5　清理工序的风险

在饲料生产中，生产线和设备内部的清理是饲料企业经常忽略的工序。一些企业虽然也在定期清理，但仅限于混合机、调质器、制粒机等关键设备，清理结果也不尽人意。甚至有一些饲料企业从建厂开始就没有清理过设备和料线，打开设备一看惨不忍睹，打包口、旋转分配器、溜管的观察窗及料仓顶，活虫在爬；酸臭的残料粘在调质器里，制粒机中厚厚的残料已经发霉……常见的市场投诉如花料、料中有发霉的结块、料中有虫等都与设备清理不到位有关。设备不及时清理还会引起交叉污染，影响生产效率。

永磁筒和初清筛中的杂质量大，筛眼堵塞，影响对原料的清理能力，大量杂质进入饲料中，导致适口性下降。粉碎机脉冲除尘器布袋的内外壁上积累一层厚厚的粉尘及油脂，影响通风量，导致粉碎效率降低，粉碎细度不达标。手投料口上的脉冲除尘器布袋上厚厚的添加剂，混合机中的残料等在生产时很容易引起交叉污染。成品仓、成品旋转分配器、溜管和打包装置中的活虫有进入成品饲料的风险。圆筒仓、散粮仓不及时清理，藏匿其中的微生物、活虫及虫卵在新存储的原料中繁殖，增加了有毒有害物的风险。

为了降低清理环节的风险，饲料企业需要定期清洗设备和料线。特别是生产教保料前，需要彻底清理设备和料线，最大化地减少风险物料进入教保料中。

4.6.6　投料工序的风险

投错料，将问题原料投入料线，串仓是投料工序常见的风险。在投料时，发现原料异常，如发霉结块视而不见，导致不合格原料进入饲料中。仓储标识不清晰，工人对原料识别能力有限，将感官相似的原料投错，将超过最佳保质期的原料当成新原料投料，导致饲料的适口性下降。中控放料还未走空，投料工还未接收到通知就开始投料，导致串仓。

在手投料环节，多投、少投、漏投、错投是常见的投料风险。有部分饲料企业，自配核心料未提前混合，在投料口现称现配现投，多投、少投、错投等质量事故重复发生。手投料标识不清晰或缺乏标识，投料前未核查手投料的种类和重量，错把 B 料的手投料投到 A 料中。投料中缺投料记录和复核记录，投料顺序混乱，导致某种原料多投或少投。

为了降低投料环节的风险，需要强化工人的质量意识，加强原料的感官培训，做好原料标识，制订奖罚措施，规范操作。在手投料环节，自配核心料提前预混合，减少错投风险；原料有清晰的标识，投料前再次核查原料种类和品质并复称，确保数量和重量准确；将原料按照投料顺序排好，投料时按照顺时针或逆时针投料，减少投料风险，提高投料效率。

4.6.7 粉碎工序的风险

粉碎工序的风险主要是粉碎粒度不达标、粉碎机漏料和堵机。粉碎机筛网孔径不合适，锤片磨损严重、喂料量大等导致粉碎粒度大；筛网破损，筛网未压实，筛板松动等导致漏料，饲料中出现未粉碎的大颗粒原料。

粉碎粒度不仅会影响饲料的感官品质，还会影响饲料的饲喂效果。原料粉碎粒度小，粉料的感官更细腻；在调质时，表面积大，可以均匀快速吸收蒸汽中的水分，提高调质品质，更易制粒且颗粒料质量好；淀粉糊化度高，提高饲料的体外消化率；在动物胃肠道可以增加与消化酶的接触面积，提高消化率，进而提高饲料的利用率和饲喂效果。相反，原料粉碎太粗，饲料感官粗糙，调质效果差，影响制粒，制成的颗粒质量差。

4.6.8 配料工序的风险

配料工序是影响产品品质的关键工序之一，配料的准确度、配料精度、配料顺序、交叉污染，不规范操作等是配料工序存在的重要风险。

在生产中经常发现自动配料时，配料秤的称量值和配方设计值之间有误差，有时误差还比较大，导致生产的产品与设计初衷差异较大。配料秤的动态精度是影响配料精度的主要因素。多个因素会影响配料秤动态精度，如配料秤的静态精度，给料器的给料速度，配料秤对称量值的响应速度，原料的配比添加比例，原料的流动性和容重，配料的顺序等。研究表明，当原料满载率大于20％时，配料误差相对较小，相对误差在0.5％以下；原料满载率在5％～10％时，相对误差大于1％；原料满载率在5％以下时，相对误差大于3％。因此，在生产中要根据配方和设备合理选择配料秤的最大称量值，并定期校准配料秤的静态精度；在配料时先下配比添加比例大的，下料速度稳定，给料速度均匀；比重大、添加量大的矿物原料严格控制提前量，提高配料精度。

我们在现场服务时，发现在配置好的手投料中，存在顽固性的磷酸二氢钙结块，这些结块在混合机中很难被打散。在投料前如果没有及时发现并处理，这些顽固性结块将进入饲料中，导致饲料产品中钙磷的分布极不均匀，导致不合格品的产生，影响产品品质和饲喂效果。因此在配置手投料时，先核对原料名称保证原料使用正确，然后核查原料品质，发现异常原料及时挑出，更换合格原料，坚决不使用异常原料。

投料顺序不对是自配核心料生产工序存在的最大风险之一。主要表现在，将有拮抗作用的两种原料放在一起投料，降低核心料的作用效果。如氯化胆碱具有较强的吸湿性，且对其他添加剂活性成分，如维生素 A、D3、K3 等都有破坏作用，无机微量元素对维生素有破坏作用；将添加量小的原料，如微量元素、色氨酸、多维及酶制剂等先投或最后投，导致微营养损耗大，混合均匀度差，影响动物健康；将能产生化学反应的添加剂放在一起，导致饲料中有效成分的剂量降低，达不到预期效果，并且一些化学反应会产生顽固性结块黏附在混合机中，清理困难；如将裸酸和氧化锌原粉放在一起，两者相互反应，导致控制腹泻效果降低，产生结块；称量时将一些微营养与有较强吸附作用的蒙脱石放置在同一个容器中，导致蒙脱石吸附微营养……

交叉污染问题是自配核心料生产工序中存在的另一个比较严重的风险。有些饲料企业将猪、鸡、鸭、反刍动物等多个品种的核心料共线生产，换品种时设备不清理或清理不到位，引起交叉污染，导致市场投诉增加。曾经有饲料企业在生产完添加有红色素的鸡料时，未清理设备就生产种鹅料的核心料，结果养殖户就投诉种鹅蛋变成红心，鹅蛋的孵化率降低了，要求赔偿。操作不规范也是自配核心料常见的风险。一些企业在生产自配核心料时，所有原料都走提升机到混合机中。维生素、色氨酸、缬氨酸、酶制剂、氯化胆碱等，通过提升机配料，损耗比较大，导致饲料中功能微营养含量不足。

核心料组成复杂，且各种饲料添加剂的性质和作用各不相同，配伍关系复杂。因此，在自配核心料时一定要遵循配料原则，2/3 的载体先投垫底，添加量小的原料中间投，氯化胆碱稀释后单独投，剩余的 1/3 载体最后投；能发生生化反应的分开配；有拮抗的原料分开配；添加量小的原料不走提升机，直接投到混合机中。共线生产的预混料设备，换品种时应清理或清洗设备，减少交叉污染。生产教保料核心料时，彻底清理设备。

4.6.9 混合工序的风险

混合机被誉为饲料厂的"心脏"，混合工序是将按照配方配合的各种原料混合均匀，使动物采食到营养均衡的饲料。混合工序对于产品品质至关重要，物料混合不均匀会导致饲料中营养不均衡，影响饲喂效果。混合工序存在的风险主要有混合均匀度差、混合机漏料、混合机残留多。

混合时间不足和混合过度都会使混合均匀度变差。不同的配方、不同混合机的最佳混合时间不同，但很多企业对于新产品的混合时间多来自经验，甚至所有的配方都是相同的混合时间，而不是通过实验确定最佳混合时间，导致产品混合均匀度差。常见的是对高油配方，干混时间和总混合时间与普通配方相同，导致混合均匀度差，饲料的营养不均衡。

饲料企业要定期检测混合机混合均匀度变异系数。新产品要通过实验确定最佳混合时间，从而降低混合均匀度变差的风险。

4.6.10　调质工序的风险

调质工序的风险主要是产品熟化度不够，颗粒质量差。调质时间和调质温度会影响饲料产品的质量。较长的调质时间和较高的调质温度可以使粉状原料充分地吸收蒸汽中的水分软化颗粒，调质后水分适宜，更易制粒，提高颗粒料的质量和制粒产量。在调质过程中淀粉糊化，蛋白质的肽链空间结构改变，提高饲料的消化率，改善饲料的适口性。调质温度低，调质时间短，原料吸收蒸汽中的水分有限，制粒时挤压困难，产量低，且对环模的损伤比较大，严重的甚至出现"烧模"现象。

生产教保料时，很多饲料企业在二次制粒时，采用 $50\sim60℃$ 的温度制粒，以期减少维生素等不耐高温原料的损失，但理想很丰满，现实很骨感。虽然调质温度足够低，但由于调质不充分，导致在制粒时，物料在环模中干压，物料与环模之间的摩擦力大增，物料通过环模的温度依然达到 $70℃$ 以上。而且制粒时由于是干压，制粒效率非常低，环模的损伤也比较大，降低了环模的使用寿命。调质温度越低，物料通过环模的温度与调制温度之间的温差越大，粉化率越高，颗粒质量差，如 $65℃$ 和 $70℃$ 调质，物料通过环模的温度分别是 $79℃$ 和 $79.6℃$，几乎一样，但 $70℃$ 调质颗粒料的粉化率更低。合适的调质温度不仅可以改善颗粒质量，还能提高生产效率。生产教保料时，基础熟化料的调质温度能达到 $90℃$ 以上，提高熟化度，改善调质质量。成品颗粒调质时，$70\sim80℃$ 常温调质，改善颗粒质量，提高制粒效率。

制粒工为了提高生产效率，增加喂料量，提高调质器的充满系数，导致饲料在调质器中留存时间短，调质温度偏低，影响调质效果。一些企业蒸汽管道长且弯道多，疏水阀较少，管道中的冷凝水排出不彻底，导致调质温度达不到要求，影响调质效果。锅炉房供气过程中时不时中断，导致蒸气压力不足，调质温度下降，影响调质效果。为了改善调质效果，饲料企业一方面要匹配合适的调质设备；另一方面要求制粒工按照规范操作，降低调质过程中的风险。

4.6.11　制粒工序的风险

制粒工序的风险主要有颗粒硬度偏高、含粉率高、长短不均匀、出现花料、外观粗糙、堵机、打滑、烧模等。影响颗粒料质量的因素主要有配方、调质、环模质量和制粒机的操作。

调质程度和物料调质后的水分会影响制粒，调质决定制粒效率，充分的调质可以提高制粒效率，改善颗粒质量。物料调质后的水分偏高（17％以上），会造成模辊挤压困难，出现打滑现象；而物料调质后水分偏低（15％以下），会造成制粒时挤压困难、堵机等现象，严重的出现烧模现象。由于物料水分低，制粒时能耗高，产量低，损伤环模和压辊，降低使用寿命，颗粒硬度大，含粉率高。环模的压缩比和膜孔长度会影响颗粒硬度、含粉率和粉化率；环模清理不彻底会产生花料；切刀会影响颗粒的长度和均匀度；喂料量大会导致堵机。生产前对环模进行清理，合适的喂料量能降低堵机的风险，控制花料的产生。根据配方和品种选择适宜的环模，保持适宜的硬度。调整切刀，改善颗粒长度的均匀度。

4.6.12　冷却工序的风险

冷却工序的风险主要是由于冷却器布料不均匀、冷却器中的料局部料温和水分偏高导致发霉。生产时，要根据季节调质冷却器的料位和风量，定期检测冷却器四个角的料温和水分，降低风险。

4.6.13　打包工序的风险

打包工序的风险主要有袋子、标签和料不一致，不合格饲料进入包装中。在打包前严格核查袋子、标签，确保包装料、标签和袋子一致。打包前，核查料的温度和感官，正常后再开始打包。

4.6.14　违规操作风险

无规矩不成方圆，人的认知是有差异的，同一件事情有人做到极致，有人做到优秀，有人勉强及格，有人应付了事……如果没有标准，结果一定是参差不齐，差别巨大。在生产中，如果没有作业标准，产品的品质和稳定性将会受到巨大的挑战。推进作业标准化是稳定生产和品质的重要措施。

作业标准化是指将工艺参数、工艺要求、生产流程和关键点控制等进行标准化的过程，是产品品质的一道基本保障。作业指导书是作业标准化的核心内容。作业指导书可以帮助企业解决新员工上手慢、操作不规范、质量问题重复出现、现场管理混乱、生产效率低、不同岗位和部门沟通不顺畅、团队质量意识差、培训无从下手、好的经验难复制等问题。此外，作业指导书可以帮助饲料企业降低生产中由于操作不规范引起的质量风险，稳定生产。每一家企业都应该根据产品制定相应的作业指导书。

根据质量管理的早鸟原则，饲料企业可以建立质量巡查制度，通过质量巡查来及时发现异常，避免异常进入下一道工序，规避或减少不合格产品的产生。如投料时，发现异常原料，立即停止投料，更换合格的原料，避免异常原料进入料仓。特别是生产教保料时，品控部需要到原料库巡查原料的使用是否正常；到生产现场巡查每一道工序，查看工人是否在按照作业指导书作业，是否存在不规范操作；核查半成品和成品是否合格。一旦发现违规操作，立即制止，当场指导工人改正；若发现异常，应当机立断，情况严重的要求停止作业；对于异常，需要查找原因，尽快改善，如原料的粉碎粒度不达标或粉碎后的原料中出现大颗粒物料，应立即停止粉碎，查看筛网的完整度、锤片的磨损程度、喂料量，找到原因后做相应的调整和改善；对重大异常，应立即报告质量主管和生产主管，按照公司的规定进行处置。

4.6.15　指标评估中的风险

指标评估中要确保数据的准确性和真实性，数据不准确或不真实会影响原料和产品的质量评估，出现拒收合格原料，接受不合格原料的风险。然而，现实操作中存在数据准确性和真实性的风险。

化验员对检测标准和原理理解不到位、机械式操作、标准选择错误，就会出现检测数据不准确的情况，如所有原料检测水分的条件都是（103±2）℃，4h。

饲料原料和产品知识储备有限，不会科学正确地评价检测数据，对于异常不会分析原因，有的甚至盲目修改数据，导致不合格原料进入仓库，不合格品流向市场。如检测石粉中的钙含量时，检测数据大于 40％，不知道什么原因，就盲目修改数据，导致不合格的石粉进入饲料产品中。对检测过程的关键点把握不准确，导致不同的人检测数据差异很大。如在检测原料的粉碎细度时，不同的人操作方法不同，检测数据差异非常大，影响生产质量评估。

饲料企业需要加强对化验员和品管的培训及考核。增加原料和产品基础知识培训，明确检测标准、检测方法及检测过程的关键点控制；强化操作和解决问题的能力；开展检测能力比对，提高检测的准确度。

在原料的稳定性风险中，原料的变异比较大，是影响饲料产品稳定的重要因素之一。饲料原料的质量评估包括感官评估和理化指标评估。感官评估即通过人的视觉、嗅觉、触觉、味觉和听觉，对原料的色泽、组织状态、气味、口感等进行判断的方法，此方法简单、快速、不需要特殊仪器，但需要不断积累经验。在实际生产中，感官判断要与理化检测相结合。在原料评估中，遵循先感官再数据的原则，感官不合格的原料直接拒收，感官合格的原料再进行理化指标的检测评估。理化指标评估主要包括营养指标评估和有毒有害物的评估。饲料企业需要根据上述评估原则，做好原料质量的实时评估，才能有效防范风险。

指标评估是决定原料是否可用、接收、拒收的重要依据，还可以根据检验指标，将原料分成不同的等级，用于不同品种的饲料，实现原料的价值使用，如玉米的分级使用。根据检验指标，将原料分类存储，并将检测结果输入配方系统，调整饲料配方，实现动态配方，保证饲料产品的稳定，节约原料成本。将检验指标汇总分析，建立原料质量数据库，为采购部做供应商评价和价值采购提供数据支持。每一种原料的营养指标都有合理的范围，指标评估可以帮助我们发现异常和掺假，规避风险。

饲料产品的生产过程指标评估包括中间品评估和成品评估，主要有粉碎细度、熟化度、颗粒硬度、粉化率、含粉率等。通过检测原料的粉碎细度、中间品的熟化度、硬度、冷却后快速检测水分等及时发现异常情况，减少不合格品的生产。如通过检测原料和半成品的粉碎细度，可以及时发现粉碎工序的异常，进而减少因粉碎不合格导致的产品不合格。通过营养指标可以评估产品批次间的稳定性。

营养指标评估分为常规指标评估和非常规指标评估。常规指标主要指水分、粗蛋白、粗脂肪、粗纤维、粗灰分、钙、磷、盐等营养指标。常规指标是反映饲料原料和饲料产品质量的基本指标，能够反应饲料原料和饲料产品的基本属性和稳定性。饲料企业的原料验收、产品质量控制、产品设计、出厂检验和型式检验等都需要指标检验。非常规指标顾名思义不常检测的指标，主要有氨基酸、消化能、淀粉、糊化度、小肽、可溶性磷、脲酶活性、脂肪酸值、酸价、过氧化值、丙二醛、霉菌毒素、TVBN、组胺、蛋白溶解度等。相对于常规指标，这类指标的检测频率比较低，不同的原料需要检测的非常规指标不同，而且一些非常规指标的检测方法较复杂，需要专业的检测设备，如氨基酸、消化能、小肽、糊化度、组胺等。一些非常规指标是饲料原料质量评价的关键指标，对动物的健康及饲料产品的效果影响比较大，是品控需要坚守的底线。脲酶活性和蛋白溶解度是评价豆粕、膨化大豆熟化度和抗原含量的关键指标，当然，对于教保料来说，宁可过熟也不能过生；TVBN和组胺是评价鱼粉新鲜度的关键指标；脂肪酸值、酸价、过氧化值和丙二醛是评价脂肪氧化情况的关键指标；霉菌毒素是评价原料是否被霉菌污染的关键指标……这些指标一旦超过限量标准，对动物的健康和饲料产品的效果表达影响比较大，常引起市场投诉。所以，对于有检测能力的饲料企业，需要开展非常规指标的检测，评估原料质量。感官判断只能排除一部分风险。通过检测原料中的霉菌毒素、重金属、致病微生物及抗营养因子的含量，可以准确评价饲料原料的质量。原料检验方面有以下要求：

第一，要清晰地了解有毒有害物和安全性品质指标，并制定相应的限量标准。构建质量管理的底线，在质量管控中不逾越底线。原料中的有毒有害物的限量标准就是要坚守的底线。霉菌毒素、重金属和致病微生物是有毒有害物，风险和隐患更大。酸价、过氧化物、TVBN等安全性品质指标，主要影响产品的品质和饲料的效果呈现。对于安全性指标不合格的产品，可以根据企业自身情况，选择让步接收，降级使用或退货。

第二，要明确每种原料要检测的关键指标。易感霉菌毒素的原料，如谷类籽实及加工产品，要检测霉菌毒素。石粉、磷酸氢钙、蒙脱石、氧化锌等矿物原料及添加剂除了主含量外，还要检测重金属的含量。膨化大豆和油脂等脂肪含量高的原料要检测酸价、过氧化值、丙二醛等指标。豆粕和膨化大豆要检测脲酶活性和蛋白溶解度。鱼粉要检测TVBN、组胺、丙二醛和沙门氏菌的含量。生物添加剂和发酵饲料原料要检测致病微生物的含量，所有原料都要定期检测非洲猪瘟等病毒。

第三，合理正确地取样。取样误差在检测误差来源中占据最大的席位。有毒有害物在饲料原料中的分布并不都是均匀的，特别是霉变、霉菌毒素和病原微生物在原料中的分布是极不均匀的。因此，为了保证所取样品具有代表性，取样时要遵循数量保证、随机抽取、机会均等、没有倾向性的原则。取样时，静态取样与动态取样相结合，卸车前先静态取样看整体，卸车过程中，再动态取样，保证所取样品更具代表性。取样数量根据样品的性质及来货量来确定，袋装原料，将原料分为上（中）下，取样时各层都要取到，取样量不少于2千克。固体散装原料采用5点或8点取样，车的前后左右中间部分都要取样，取样量不少于10千克。在取样过程中发现某批次某部分样品明显不一样的，要单独挑出存放并加大取样量单独检测。取样对于检测结果的准确性至关重要。因此，我们要遵循取样原则，按照标准的取样方法取样，在取样过程中，要眼观六路耳听八方，及时发现异常，减少损失。

第四，建立有效的可落地的检测方法，完善检测设备，满足检测的要求。对于猪料特别是教保料生产企业，化验室至少要具备玉米脂肪酸值、油脂酸价、脲酶活性、TVBN、霉变率、霉菌毒素等关键有毒有害物的检测能力，并能够正常开展检测工作。此外，企业还要持续提高检测准确度。对于自身不能检测的项目，可以要求供应商定期提供或送有资质的第三方检测机构外检。

基于事前预防优于事后补救的质量管理理念，生产过程中需要能够识别关键工序中的关键风险，并采用合适的方法来规避风险（图4-9）。

图4-9　品质提升是一个全面防范风险的系统工程

本章总结

　　本章着重从教槽料的设计开发、营养体系要点和质量管控方法等方面，探讨了营养逻辑学指导做好教槽料的应用思路与细节，为读者进一步研究营养逻辑学及拓展应用于其他营养领域提供了较为详细的案例。

后　记

　　历经数月的辛苦准备和撰写，本书终于可以与广大读者见面了，我们既高兴又彷徨。高兴的是多年的心愿终于达成，彷徨的是不知我们的良苦用心是否真的能得到大多数人的理解和认同。营养逻辑学尽管目前还处于起步阶段，但它对行业的认知改变、技术革新和产品升级等作用已初步显现。我们希望有更多的人加入进来，将营养逻辑学进一步丰满，让她更具实践价值和战斗力。

　　营养逻辑其实是很难定义和讲清楚的，我们为此也花费了很多笔墨，在不同的章节从不同的角度来解释营养逻辑。可能你读完此书以后，依然云里雾里，不知营养逻辑所谓何物。但是，不用担心，在工作实践中遇到思路不清楚的时候，只要能够想起书中的只言片语，或者能坚持来自书中有用的价值立场，就说明你已经在很大程度上领悟到营养逻辑的精髓。营养逻辑的神秘之处就在于涉及范围太广，决定因素太多。对于越宏观的问题，越是没有固定的逻辑，因而，很多时候逻辑没有对错，只有选择。我们希望你能在看完本书以后，静下心来思考，营养如何用？原料如何选？产品如何做？如果答案还和你现在的做法一样，那么说明你已经是做得非常好的佼佼者，或者说明我们写的十几万字没有一点价值。

　　风起于青萍之末，浪成于微澜之间。一切大变革都是从微细不易察觉的思维逻辑变化之处发源的，希望本书能对您的营养认知有所触动，让我们一同来引领行业营养逻辑的巨变！

　　最后，特别感谢身处一线辛勤服务的同事们，不时给予的真知灼见；感谢具有合作创新精神的客户，对新营养逻辑的实践检验；感谢专业能力非凡的同行，对特殊功能营养集成应用的认可和支持；感谢众多业内专家，对我们的包容和鼓励……

全体编写人员

2022 年秋于郑州